A. zur Megede

Wie fertigt man technische Zeichnungen?

Leitfaden zur Herstellung technischer Zeichnungen
für Schule und Praxis, mit besonderer Berücksichtigung des
Bauzeichnens, des Maschinenzeichnens und des
topographischen Zeichnens

Achte Auflage
Neu bearbeitet und erweitert

von

M. Wesslau
Regierungsbaumeister

Mit 5 Abbildungen im Text und
4 lithographischen Tafeln

Springer-Verlag Berlin Heidelberg GmbH 1926

ISBN 978-3-662-27961-8   ISBN 978-3-662-29469-7 (eBook)
DOI 10.1007/978-3-662-29469-7
Softcover reprint of the hardcover 8th edition 1926
Additional material to this book can be downloaded from http://extras.springer.com

Vorwort zur ersten Auflage.

Nachstehende Anleitung zur Herstellung technischer Zeichnungen ist aus dem vom Verfasser beim Studium des Baufachs lebhaft empfundenen Bedürfnis nach Rat und Unterweisung in der Anfertigung der Zeichnungen entstanden, auf welche in der Jetztzeit doch ein bedeutendes Gewicht gelegt wird.

Die Lernenden sind meistenteils darauf angewiesen, sich selbst zu helfen und müssen hierbei viel Lehrgeld zahlen, viel Zeit und Mühe unnütz vergeuden. Wie viele Zeichnungen verunglücken nicht hierbei aus Unkenntnis wichtiger Vorsichtsmaßregeln!

Dozenten und Hilfslehrer an technischen Lehranstalten haben während der verhältnismäßig knapp bemessenen Stunden, in denen sie mit ihren Schülern im praktischen Verkehr stehen, und die kaum genügen, der oft großen Zahl Lernbegieriger die wichtigsten Konstruktionen zugänglich zu machen, nicht die Zeit, aus dem reichen Schatz ihrer Erfahrungen Winke für die praktische Ausführung der Zeichnungen in ausreichendem Maße zu gewähren.

Vorliegendes Büchlein, das rein praktischen Erfahrungen seine Entstehung verdankt, soll den Lehrern an technischen Lehranstalten eine willkommene Erleichterung gewähren; allen denen, die sich auf einen technischen Beruf vorbereiten, ein treuer Ratgeber, und denen, die nur gelegentlich zur Herstellung von technischen Zeichnungen veranlaßt werden, ein zuverlässiger Wegweiser sein. Aber auch schon Vorgeschrittene werden manches ihnen noch unbekannte, nützliche Zeichengerät kennenlernen und manchen brauchbaren Wink finden, der ihnen in Schule und Bureau wichtige Dienste leisten kann.

Der vorhandene Stoff ist in drei Abschnitte geteilt, von denen der erste die allgemein gebräuchlichen Zeichenmaterialien behandelt, der zweite die für besondere Fälle vorhandenen Hilfsapparate beschreibt, der dritte die bei Ausführung der Zeichnungen erforderlichen Handgriffe, Regeln und Winke enthält. Von einer Darstellung der Zeichenapparate ist Abstand genommen, weil die eigene Anschauung der Materialien doch erst ein richtiges Bild gibt.

Indem ich hiermit Herrn Geh. Regierungsrat Professor Dr. G. Hauck für seinen Rat und das rege Interesse, welches er dieser Arbeit entgegengebracht hat, meinen wärmsten Dank ausspreche, sowie allen denen, die in liebenswürdiger Weise mein Vorhaben dadurch unterstützt haben, daß sie bereitwillig ihre Erfahrungen zur Verfügung gestellt haben, richte ich an die geehrten Leser die Bitte, entstandene Irrtümer freundlichst berichtigen zu wollen, Wünsche über Fehlendes und Mitteilungen von Neuerungen, die einer nächsten Auflage zugute kommen könnten, gütigst an mich gelangen zu lassen.

Berlin, im Oktober 1887.

Der Verfasser.

Vorwort zur achten Auflage.

Die ersten vier Auflagen des vorliegenden Buches wurden in den Jahren 1887—1894 von Regierungsbaumeister Alfred zur Megede herausgegeben. Nach dem Tode des Verfassers wurde die fünfte Auflage 1903 von Prof. Hartwig, die sechste 1907 von Regierungsbaumeister E. Granitza und die siebente 1920 vom Unterzeichneten bearbeitet.

Die aus den eigenen praktischen Erfahrungen des ersten Verfassers hervorgegangenen Angaben werden stets ihren Wert behalten. Sie wurden den neuzeitlichen Verfahren und Anschauungen entsprechend ergänzt. Während das Buch ursprünglich nur für das Bauzeichnen gedacht war, wurde in den letzten Auflagen das topographische Zeichnen und bei der vorliegenden auch das Maschinenzeichnen mit berücksichtigt. Herrn Dipl.-Ing. Brunn, Breslau bin ich für seine gütige Unterstützung bei der Bearbeitung dieses Gebietes zu Dank verpflichtet.

Die Auflagen 1—7 erschienen im Verlag des Herrn Albert Seydel, Berlin, der sich der immer besseren Ausführung des Werkes mit großer Liebe widmete. Nach dem Tode des Herrn Seydel läßt nun die Verlagsbuchhandlung Julius Springer das Buch in neuer Ausstattung und durch die Tafeln bereichert neu erscheinen.

Das Buch ist wie bisher in erster Linie für Anfänger und Schüler berechnet, doch dürfte auch der erfahrene Zeichner manche nützliche Anregung darin finden.

Breslau, im Juli 1926.

Wesslau.

Inhaltsverzeichnis.

I. Die Zeichenmittel.

II. Besondere Hilfsmittel.

III. Das Zeichnen.

IV. Der Gang der Herstellung und die Behandlung verschiedener technischer Zeichnungen.

I. Die Zeichenmittel.

Einleitung.

Bei Anschaffung von Zeichenmitteln ist vor allem der Grundsatz zu beachten, nur durchaus gute Ware zu kaufen. Sparsamkeit ist hier übel angebracht und rächt sich später oft bitter. So können schlechte, sich nicht gleichmäßig verteilende Farben die Wirkung einer sonst wohlgelungenen Zeichnung beeinträchtigen. Schlechtes, nicht dauerhaftes oder zu stark geleimtes Papier, das bei einer an der fast fertigen Zeichnung noch notwendigen Ausbesserung dem Angriff von Gummi oder Messer nicht genügend widersteht, kann die Veranlassung zu nochmaliger Herstellung geben. Gutes Gerät dagegen hebt die Arbeitslust und spart Zeit und Mühe.

Zur Auswahl wirklich fehlerloser Zeichenmittel ist eine genaue Kenntnis der Merkmale ihrer Vorzüge und Nachteile erforderlich. Es empfiehlt sich, persönlich die vorgelegten Zeichengeräte auf ihre Brauchbarkeit zu prüfen und sie erst nach zufriedenstellendem Ausfall der Prüfung zu kaufen. Für den Bezug sind möglichst Spezialgeschäfte zu wählen, die nur Zeichenmaterial führen und hierdurch eine gewisse Gewähr für gute Beschaffenheit desselben bieten. Falls sich am Wohnort derartige Handlungen nicht befinden, scheue man nicht das Porto und die Mühe, sich auch bei geringem Bedarfe an die nächstgelegene bekannte Firma zu wenden.

Dieselbe Peinlichkeit wie bei der Anschaffung ist auch bei der Unterhaltung der Zeichenmittel notwendig. Man gewöhne sich, sämtliche Gegenstände außer Gebrauch gehörig geordnet aufzubewahren, im Gebrauch sorgfältig zu behandeln, nach dem Gebrauch gründlich zu reinigen und ordnungsmäßig wegzupacken.

Ferner sorge man rechtzeitig für Ersatz der verbrauchten Geräte. Jede Ausbesserung, sei es die Anschärfung einer abgenutzten Zirkelspitze, sei es der Ersatz einer locker gewordenen Schraube, lasse man sofort von geübter Hand vornehmen. Es ist auch nicht zu raten, Zirkel, Schiene usw. nach kurzem Gebrauch aus Laune oder wegen kleiner Fehler, die sich inzwischen eingestellt haben, durch Neuanschaffung zu ersetzen (bei vorhandenen Geldmitteln freilich das Bequemste), weil sich die Hand erst an die Eigentümlichkeiten der neuen Gegenstände gewöhnen muß. Erst die durch längeren Gebrauch erworbene Kenntnis der Vorteile und Schwächen der Zeichenmittel verschafft dem Besitzer vollen Nutzen. Tüchtige Zeichner arbeiten nur ungern mit fremdem Gerät und verleihen nicht gern ihr eigenes.

1. Das Reißbrett.

Das Reißbrett muß aus gutem Pappel- oder Lindenholz (in Österreich Fichtenholz gebräuchlich) gefertigt sein, das völlig astfrei und gehörig ausgetrocknet sein soll, damit das Brett sich später nicht verzieht.

Beim Kauf ist auf folgendes zu achten. Das Brett soll bei hinreichender Größe nicht zu schwer sein, damit man es bequem handhaben kann. Es muß beim Gebrauch fest aufliegen und darf nicht wackeln. Das Brett darf ferner nicht windschief sein, weil dadurch die aufgespannten Zeichenbogen hohl liegen und bei Gebrauch des Zirkels leicht große Löcher erhalten, die zu Ungenauigkeiten der Zeichnung führen. Vor allen Dingen müssen die Kanten gut abgerichtet sein, damit an ihnen die Reißschiene leicht und sicher gleiten kann. Zwar sollen die Kanten ein genaues Rechteck bilden, doch da das genaue Bearbeiten Schwierigkeiten bietet und auch später wegen der Fehler, die durch Werfen des Holzes, Bestoßen usw. entstehen, wiederholt werden muß, wird in dem Buche: „Für den Konstruktionstisch"[1]) empfohlen, nur an einer der geraden Randleisten, der linken, zu arbeiten. Durch einen aufgeschraubten, glatt gehobelten Eisenwinkel kann man sie gegen störende Veränderungen sichern. Da links vom Brette wohl immer die Hirnholzenden liegen, so gelingt es gerade aus diesem Grunde nicht, eine genaue Ziehkante herzustellen und dauernd zu behalten. Praktisch ist es, links ein Holz vorzuleimen, so daß die Längsfaser zur Ziehkante wird. Diese vorgeleimte Leiste verbürgt eine ebene Ziehkante und läßt sich auch leicht bei eintretenden Mängeln wieder ordentlich herstellen.

---

[1]) „Für den Konstruktionstisch". Leitfaden zur Anfertigung von Maschinenzeichnungen nach neuesten Gesichtspunkten. Von W. Leuckert und H. W. Hiller. Julius Springer, Berlin.

Die älteren Reißbretter waren recht schwerfällig in der Ausführung und unbequem zu handhaben. Sie hatten aber einen großen Vorteil vor den jetzt im Gebrauch befindlichen. Sie gestatteten den Bogen ohne Klebemittel aufzuspannen (vgl. unten „Auturgem"-Reißbrett). Das jetzt meist benutzte Reißbrett ist eine aus mehreren Teilen geleimte Holzplatte, in die zwei Gratleisten derart eingeschoben sind, daß die Platte den Witterungseinflüssen folgen kann, ohne sich zu werfen. Die Leisten sind mit einem Einschnitt zum Einstecken der Reißschiene versehen und geben dem Brett eine Neigung nach dem Zeichner zu. Wenn die Leisten nach einiger Zeit an der Platte hervorstehen, so schneidet man sie zweckmäßig ab, um ein Einreißen der Kleider bei der Handhabung zu verhüten.

Mehr für Aquarelle und bei Malern im Gebrauch ist ein Reißbrett ohne Einschubleisten als Platte nur mit zwei Hirnleisten oder mit Rahmen und Füllung gearbeitet.

Reißbretter mit Vorrichtung zum Aufspannen des Papiers ohne Anwendung von Klebstoff sind wiederholt in den Handel gebracht, jedoch hat sich bis jetzt keines von ihnen einzubürgern vermocht. Für Zeichnen und Malen gleich gut brauchbar ist das „Auturgem"-Reißbrett (A. Martz, Stuttgart). Es besteht aus zwei durch Scharniere verbundenen Holzteilen, dem eigentlichen Brett mit der Zeichenfläche, die, etwas erhaben, kleiner als die Grundplatte ist, und dem Rahmen, der heruntergeklappt die Zeichenfläche einschließt, so daß beide Oberflächen bündig liegen. Die Handhabung geschieht folgendermaßen: man öffnet den Rahmen, legt den Zeichenbogen auf die untere Fläche, näßt ihn soviel als notwendig, drückt den Rahmen behutsam herunter und schließt ihn, so daß das Papier fest über die vorstehende Zeichenfläche gespannt wird.

Sehr begehrenswert und besonders von geübten Zeichnern gesucht sind wohlerhaltene alte Zeichenbretter, die gut ausgetrocknet sind und daher weniger Neigung zu Formänderungen haben als neue. Beim Einkauf solcher Bretter ist darauf zu achten, daß die Fugen der Platten noch gut schließen und nicht etwa Fehler darin mit Kitt, der später herausfällt, ausgestrichen sind.

Für die bequeme Handhabung des Brettes besonders beim Tragen tut ein kurzer Lederriemen, mit kleinen Nägeln auf der Rückseite des Brettes befestigt, als Handgriff gute Dienste. Noch besser ist eine besondere Tragevorrichtung, bestehend aus starkem hakenförmig gebogenen Eisendraht mit hölzernem Griff.

2. Die Reißschiene.

Die Reißschiene muß aus hartem Holz bestehen. Meistens wird Mahagoni mit Ebenholz an den Kanten oder Birnbaumholz dazu verwendet. Es gibt auch Schienen aus „Helios", einer Mischung von Hartgummi mit ganz feinen Messingspänen. Sie bewähren sich gut, da ein Werfen oder Ziehen ausgeschlossen ist.

Die Zunge der Reißschiene muß eine fehlerlose Kante haben für die Führung des Bleistiftes oder der Ziehfeder (s. Nr. 4). Der Kopf soll genau rechtwinklig zur Zungenachse sein und leicht und sicher an der Reißbrettkante gleiten. Die Befestigung der Zunge am Kopf durch Schrauben ist der durch Leimung wegen größerer Dauerhaftigkeit vorzuziehen.

Schienen, deren Zunge nicht in den Kopf eingelassen, sondern aufgesetzt ist, gewähren den Vorteil, daß man das Dreieck nach links bis über den Kopf, an den es sonst anstößt, hinausschieben kann.

Sind auf einer Zeichnung Scharen von parallelen Linien zu zeichnen, die weder parallel noch senkrecht zur Reißbrettkante sind, z. B. bei der Parallelperspektive oder axonometrischen Zeichnungen, so bedient man sich der Stellschiene mit beweglichem Kopf mit oder ohne Gradeinteilung für Einstellung auf bestimmte Winkel. Am zweckmäßigsten sind die Schienen, bei denen die Drehung der Zunge nicht zugleich um die zur Befestigung dienende Schraube, sondern um einen besonderen Stift erfolgt. Sehr praktisch sind Stellschienen mit Doppelkopf. Nachteil der Stellschiene ist ihre Schwere und Unhandlichkeit, wenn sie als gewöhnliche Schiene mit wagerechter Zunge dienen soll. Für Scharen von parallelen Linien, seien sie senkrecht oder geneigt zur Reißbrettkante, eignen sich auch besondere Parallelführungen, an denen die Schiene befestigt ist und die eine absolut genaue und sichere Herstellung der Linien gewährleisten. Es gibt Apparate mit und ohne Verwendung von Gegengewichten. Letztere sind in der Handhabung bequemer. Sie bestehen im wesentlichen aus einer Anzahl von Rollen, über die eine Schnur ohne Ende läuft, an der die Schienenenden befestigt sind.

Eine sehr einfache Reißschienenführung bringt Soennecken, Bonn. Eine Klemmvorrichtung aus lackiertem Eisenblech wird auf das das Brett überragende Ende der Schiene bis an den Brettrand geschoben und durch Klemmschraube befestigt. Dadurch wird die Reißschiene stets in winkliger Lage gehalten; sie kann nicht federn und ist trotzdem leicht verschiebbar.

Hier sei auch das **Parallellineal** erwähnt. Es besteht aus zwei Linealen aus Ebenholz, die durch zwei gleich lange um ihre Befestigungspunkte drehbare Stäbe verbunden sind, so daß beide Teile parallel zueinander verschoben werden können.

Beim Gebrauch der gewöhnlichen Schiene zu perspektivischen Zeichnungen ist der Schienenkopf hinderlich. Hier sind lange Lineale, schmale Schienen ohne Kopf, zu empfehlen.

Zum Skizzieren sind **Schienen mit einer durchlaufenden Teilung** recht zweckmäßig, da man an ihnen unmittelbar ohne Zirkel eine bestimmte Länge auftragen kann.

Die Reißschiene wird am besten mit dem Zungenende an einem Nagel hängend an einer Stelle aufbewahrt, wo sie den Einwirkungen von Nässe und Wärme möglichst entzogen ist. **Schienen von großer Länge** sind bei Gebrauch und Aufbewahrung **besonders sorgsam zu behandeln**, da sich bei ihnen sonst leicht ein Federn der Zunge einstellt, das gerade Linien unmöglich macht. Krumm gewordene Schienen sind nicht mehr auszubessern. Am Ende eingeplatzte Schienen können durch Überkleben von Zeichenpapier noch für längere Zeit brauchbar gemacht werden.

Für Einarmige (Kriegsbeschädigte) kann jede gewöhnliche Schiene durch Aufschrauben eines Eisenstabes als Beschwerung, damit sie festliegt, benutzbar hergerichtet werden. Der Stab dient zugleich als Griff. Um ein Verschmutzen des Papieres zu vermeiden, ist die Unterseite solcher Schiene stets besonders sauber zu halten.

3. Die Dreiecke.

Dreiecke werden aus verschiedenen Stoffen hergestellt. Am meisten verbreitet sind die aus Holz, das bei genügender Festigkeit den Einflüssen von Temperaturänderungen am wenigsten unterworfen ist, so daß die Winkel recht lange genau bleiben. Die Holzdreiecke sind wie die Schienen aus **Mahagoni mit Ebenholzeinfassung oder aus Birnbaum** gearbeitet. Größere Dreiecke haben gegen Verziehen einen Mittelsteg. In den Ecken locker gewordene Dreiecke sind nach Überkleben der Ecken mit gutem Zeichenpapier noch einige Zeit zu gebrauchen, falls die Winkel noch genau sind. Für die Aufbewahrung der Dreiecke gilt dasselbe wie für die Schienen (s. Nr. 2). Beim Zeichnen unsauber gewordene Dreiecke lassen sich mit gewöhnlichem Radiergummi leicht reinigen. Jedoch ist es ratsam, diese Reinigung öfter vorzunehmen und die Schmutzschicht nicht zu stark werden zu lassen. Reinigen mit Wasser ist nicht zu empfehlen und höchstens anwendbar, wenn es vorsichtig und rasch mit einem mäßig feuchten Schwamm und etwas Seife ausgeführt wird. Sorgfältiges Abtrocknen mit einem Tuche muß unmittelbar folgen, damit die Feuchtigkeit nicht in das Holz selbst eindringen kann.

Neben den Holzdreiecken sind auch solche aus Hartgummi im Gebrauch. Sie sind wohl haltbarer, verziehen sich aber schnell und sind sehr unsauber. Den letzteren Übelstand, wenn auch in geringerem Grade, haben auch die Metalldreiecke aus Messing oder Stahl. Sie sind als Präzisionsdreiecke, fein lackiert (vgl. Normalien der Katasterverwaltung), für sehr genaues Arbeiten, z. B. in darstellender Geometrie, im Planzeichnen usw. sehr zu empfehlen, wenn sie auch etwas teuer sind. Sie müssen besonders vor Scharten behütet werden, die Ungenauigkeiten veranlassen und leicht die Oberfläche des Zeichenpapiers aufreißen.

Auch aus der obenerwähnten „Helios“-Masse werden Dreiecke gefertigt. Diese sind sehr brauchbar. Sie haben sauber geschliffene Kanten, werfen sich nicht und schmutzen nicht wie die Hartgummidreiecke. Sie sind teurer als Holzdreiecke.

Dreiecke aus Zelluloidmasse sind ebenfalls bedeutend teurer als hölzerne. Sie haben den Vorzug der Durchsichtigkeit, Unzerbrechlichkeit und großer Sauberkeit. Ein Fehler ist das Werfen der Dreiecke. Beim Einkauf hält es schwer, ein vollkommen ebenes Dreieck zu finden, das allerdings später nicht mehr Veränderungen in dieser Hinsicht unterworfen ist. Man wähle recht starke Fabrikate, die den erwähnten Fehler weniger besitzen.

Ein Dreieck muß genaue Winkel und gerade Kanten haben. Davon überzeuge man sich jedesmal beim Einkauf (s. Nr. 4). Für den gewöhnlichen Bedarf genügen zwei Dreiecke, das eine mit Winkeln von 90^0, 60^0, 30^0, das andere mit 90^0 und zweimal 45^0. Die Größe der Dreiecke richtet sich nach den anzufertigenden Zeichnungen. Es gibt Dreiecke von 5—50 cm Kathetenlänge, je nach dem Stoff, aus dem sie hergestellt sind.

Für besondere Zwecke sind zu erwähnen: Böschungsdreiecke mit Neigungen 1 : 2, 1 : 3 usw. bis 4 : 5, Weichendreiecke mit Winkeln 1 : 8, 1 : 9, 1 : 10, 1 : 11, Dreiecke für das Zeichnen von Sechs- und Achtecken und Lineale mit den Profilneigungen für I- und U-Eisen (letztere bei Gebr. Wichmann, Berlin).

Um jede beliebige Schräge zu ziehen und zu übertragen, ist besonders für die Arbeit am stehenden Brett der Stellwinkel

(D.R.P.) geeignet. Durch einen leicht zu handhabenden kleinen Stellhebel sind die Schenkel des Winkels in jeder Neigung festzulegen und wieder zu lösen.

Alle Dreiecke mit besonderen Winkeln sind entbehrlich, wenn man ein gewöhnliches Dreieck, dessen Winkel 90^0, 60^0 und 30^0 betragen, mit den Linien versieht, die den gewünschten Winkeln entsprechen Man trage an die Seite AB des Dreiecks ABC den Winkel x an, der dem Verhältins $1 : y$ entspricht. Die gefundene Linie mn wird in die Oberfläche des Dreiecks eingeritzt. Will man nun an eine Linie op der Zeichnung den Winkel x antragen, so legt man das Dreieck so auf die Zeichenfläche, daß sich die Linien mn und op decken, dann gibt die an der Kante AB zu ziehende Linie den anderen Schenkel des Winkels. Jeder Zeichner ist auf diese Weise imstande, sich die für ihn notwendigen Winkel nach Bedarf auf einem Dreieck zu kennzeichnen. Er kann sogar durch Aufritzen der Linie für den Winkel von 45^0 im Notfalle das gleichschenklige Dreieck vorübergehend entbehren. Undurchsichtige Dreiecke (Holz oder Hartgummi) sind hierfür den durchsichtigen (Zelluloid) entschieden vorzuziehen, weil bei den letzteren, wenn die eingeritzte Linie sich nicht in der auf der Zeichnung liegenden Dreiecksfläche befindet, durch Schattenwurf der maßgebenden Linie auf die Zeichenfläche leicht Irrtümer entstehen.

Für axonometrische Zeichnungen werden Schiebedreiecke, richtiger Schiebevierecke, da die Hypotenuse noch einmal gebrochen ist, in den üblichen Verhältnissen von Gebr. Wichmann, Berlin und A. Martz, Stuttgart, gefertigt, beide nach den Angaben des Professors Mehmke in Darmstadt.

Für Feldmesser ist hier noch Pellehns Kompaß-Dreieck, eine Vereinigung von Dreieck und Transporteur aus Zellhorn, zu nennen. Man kann damit bequem Kompaßrichtungen in der Karte bestimmen oder umgekehrt im Felde bestimmte Richtungen kartieren.

Für Skizzen sind mit Maßstäben versehene Dreiecke brauchbar. Man zieht die Linie an der Maßstabkante und kann so die gewünschte Länge ohne Zirkel unmittelbar auftragen.

Dreiecke werden auch mit rippenartigen Erhöhungen auf einer Seite angefertigt. Sie führen den Namen „Perfekt" und sind den Architekten M. Opel und A. Fischer patentiert. Sie ermöglichen ein saubereres Zeichnen, da sie nur eine geringe Auflagerfläche besitzen, und vermeiden ein Auslaufen der Tuschlinien, da die Reißfeder die aufliegende Kante nicht berührt.

4. Das Prüfen von Reißbrett, Schiene und Dreieck.

Beim Einkauf der bis jetzt beschriebenen Zeichenmittel, von denen man sich nicht gerne wieder trennt, wenn man sie einmal in Benutzung genommen hat, unterlasse man es nie, sie genau auf ihre Brauchbarkeit zu prüfen.

Man beginne dabei mit der Schiene und überzeuge sich zunächst von der Genauigkeit der Ziehkante. Auf einem auf ein Brett gespannten Zeichenbogen bezeichnet man zwei Punkte, fast um die Zungenlänge der Schiene voneinander entfernt und verbindet sie durch eine möglichst feine Linie an der Ziehkante. Dann dreht man die Zeichenfläche um 180°, so daß die Ziehkante nun auf der anderen Seite der gezogenen Linie liegt, und verbindet wiederum die beiden Punkte an der Ziehkante durch eine Linie. Nur wenn diese beiden Linien sich völlig decken, ist man sicher, eine wirklich gerade Schiene zu besitzen.

Mit Hilfe dieser geraden Schiene kann dann die Prüfung der Dreiecke auf den rechten Winkel hin erfolgen. Man zeichnet auf dem Reißbrett eine Wagerechte und legt die Schiene so an, daß die Ziehkante durch die Wagerechte geht. Dann legt man das zu prüfende Dreieck mit einer Kathete an die Ziehkante der Schiene und zieht an der freien Kathete eine Linie. Hierauf wird das Dreieck um die freie nicht an der Schiene liegende Kathete um 180° gedreht, so daß es nun auf der anderen Seite der eben gezogenen Linie liegt, dann zieht man an der freien Kathete wiederum eine Linie. Nur wenn diese beiden Linien sich vollständig decken, hat das Dreieck gerade Kanten und einen rechten Winkel. Die Genauigkeit der Hypotenuse prüft man auf dieselbe Weise wie die der Schiene.

Durch Zusammenhalten zweier Dreiecke sind grobe Abweichungen der Kanten von der Geraden leicht zu erkennen.

Zur Prüfung der Winkel von 60°, 45° und 30° zeichnet man mit dem als rechtwinklig erkannten Dreieck einen rechten Winkel. Diesen teilt man in zwei bzw. drei gleiche Teile und vergleicht die erhaltenen Winkel mit denen der Dreiecke.

Durch Vergleich des Winkels zwischen der Zungenkante und der Kopfkante mit dem geprüften rechten Winkel überzeugt man sich, ob der Kopf der Schiene rechtwinklig zur Zunge sitzt.

Die ebene Beschaffenheit des Reißbrettes ist leicht zu erkennen, wenn man die gerade Zunge der Schiene an verschiedenen Stellen aufrecht auf das Brett stellt. Jeder zwischen Schiene und Brett durchscheinende Lichtstrahl zeigt dann einen Fehler an.

Auf gerade Kanten prüft man das Reißbrett in folgender Weise. Man zeichnet unter Benutzung der an die Kante gelegten geraden Schiene eine Schar von Wagerechten und mit Hilfe des an die Schiene gelegten rechten Winkels eine Schar von Senkrechten. Stellt sich nun durch Messen heraus, daß die zwischen zwei Parallelen liegenden Strecken der Senkrechten oder Wagerechten nicht alle einander gleich sind, so ist die Kante nicht genau abgerichtet und das Brett zum Zeichnen unbrauchbar. Ist festgestellt, daß die Kanten gerade sind, so legt man an jede die Schiene an und zieht eine Linie. Sind die erhaltenen Schnittwinkel rechte Winkel, was mit Hilfe des geprüften Dreiecks zu ermitteln ist, so sind die beiden Reißbrettkanten zueinander senkrecht. Dies ist wünschenswert, aber nicht unbedingt erforderlich. Die Hauptsache ist eine gerade Ziehkante. Es ist nicht zu erwarten, daß die Kanten eines Brettes dauernd zueinander senkrecht bleiben, da sich das Holz doch immer im Gebrauch etwas zieht.

Diese Prüfungen müssen sehr genau angestellt und, falls sich beim Zeichnen trotz Sorgsamkeit Fehler einschleichen, wiederholt werden, um die Mängel zu beseitigen, was bei den Reißbrettern durch erneutes Abrichten geschehen kann.

Wie man bei einiger Aufmerksamkeit auch mit Gerät arbeiten kann, das den obigen Bedingungen nicht voll genügt, wird im Abschnitt III, Nr. 49 erwähnt.

5. Das Zeichenpapier.

Das Zeichenpapier wird nach dem Zwecke, dem es dienen soll, ausgewählt. **Stets ist auf die Haltbarkeit, Festigkeit und Zähigkeit des Papieres zu achten,** worüber die Zeugnisse des Materialprüfungsamtes in Charlottenburg Auskunft geben, soweit die Papiere dort zur Prüfung übergeben sind. In diesen Zeugnissen wird auch die „Reißlänge" des Papiers in Metern angegeben, ein Ausdruck, dessen Bedeutung nicht jedem geläufig ist. Ein Papier hat x m Reißlänge, bedeutet, daß erst das Gewicht eines Streifens von x m Länge dieses Papieres imstande ist, das Papier zum Reißen zu bringen. Eine Probe bezüglich der Haltbarkeit von Zeichenpapier, die jedermann leicht anstellen kann, ist folgende. Man reibt das Papier in gewissermaßen waschender Bewegung zwischen den Händen hin und her. Dabei kann man aus dem Verhalten des Papieres, ob es mehr oder weniger Sprödigkeit zeigt, früher oder später mürbe wird, auf die Festigkeit schließen.

Außerdem sind die Papiere darauf zu untersuchen, ob sie die Bleistriche gut annehmen und sie auch entfernen lassen (ein Einfressen der Striche in das Papier ist sehr lästig), die Tusche leicht aufnehmen, das Anlegen mit Farbe gut gestatten, das Radieren mit Gummi und Messer, das Abwaschen und die Wiederherstellung von getuschten Flächen geschehen lassen, ohne daß die Oberfläche des Papieres dadurch angegriffen wird.

Lange hat das englische Zeichenpapier, insbesondere das Whatmanpapier, den Weltmarkt allein behauptet. Es ist ein Büttenpapier (geschöpftes Papier), leicht an den etwas gequollenen welligen Rändern zu erkennen, sowie an einem mitten durch das Blatt laufenden mehr oder weniger hervortretenden Streifen, der wie die Wellen vom Trocknen des Papieres über der Leine herrührt. Jeder Whatmanbogen ist am Wasserzeichen, Namen und Jahreszahl kenntlich.

Der deutschen Industrie ist es längst gelungen, Papiere auf den Markt zu bringen, die den Vergleich mit jedem anderen Papier, auch dem englischen Whatman, in bezug auf Preislage und Güte aushalten. Nur Vorurteil oder Unkenntnis kann vom Gebrauch guter deutscher Erzeugnisse abhalten zum Schaden der einheimischen, nationalen Industrie und des eigenen Geldbeutels. Die Zeugnisse der erwähnten Prüfungsanstalt über deutsche und englische Papiere weichen kaum voneinander ab. Allerdings heißt es auch hier die Augen offen halten und vorsichtig wählen. Das Angebot ist groß und nicht alles genügt strengen Anforderungen. Die Beschaffenheit der einzelnen Fabrikposten desselben Papiers ist manchmal verschieden, so daß auch hierauf zu achten ist.

Besonders ist den Anfängern, die ihre Zeichnungen meistens lange auf dem Brett lassen, noch viel mit Beseitigen und Wiederherstellen des Gefertigten zu tun haben und dabei oft nicht sehr vorsichtig verfahren, die Wahl eines guten dauerhaften Papiers zu empfehlen. Beim Einkauf sind Papier und Radiermittel aneinander zu prüfen.

Unter den vielen guten Papieren seien hier als besonders alt bewährt genannt die Marken „Schöllershammer“, „Schöllers Parole“, „Eichelzweig“, „Herkules“, „Gebr. Wichmann“ (letztere als Stempel oder Wasserzeichen). Festigkeit, Tusch- und Radierfähigkeit dieser Papiere dürften allen Anforderungen genügen.

Die am Ende dieses Kapitels angeführten Firmen versenden auf Wunsch Zusammenstellungen von Papierproben. Aus diesen Zusammenstellungen gewinnt der Unerfahrene durch Vergleichen einer schwachen geringen mit einer starken guten Qualität am schnellsten einen Maßstab für die Beurteilung vorgelegter Papiere.

Zeichenpapiere gibt es in Rollen und in Bogen verschiedensten Formats.

Bei vielen technischen Zeichnungen wird die Größe nach dem Format des Whatmanbogens bestimmt: $1/2$ Whatman muß, nachdem er vom Brett geschnitten ist, die Größe von 48 · 64 cm haben; $1/1$ Whatman eine Größe von 64 · 96 cm. Weiteres über Zeichenblattgrößen und über die Papierformate des Normenausschusses der Deutschen Industrie in Nr. 48.

Für Lagepläne, Höhenkarten, graphische Ermittlungen wählt man ein weißes, glattes, an der Oberfläche festes, für Konstruktionszeichnungen ein kräftiges, nicht ganz glattes, für getuschte Ansichten und Ornamente ein etwas körniges, weniger geleimtes Papier.

Zu Werkzeichnungen und Schablonen wird am besten ein zähes, nicht brüchiges Rollenpapier verwendet. Es ist dafür eine große Auswahl an starken, glatten wie rauhen Papieren meist von gelblichem Ton im Handel (Melispapier).

Für Entwurfszeichnungen, deren in schwarzer Tusche hergestellte Pause erst als Originalzeichnung gilt, genügt ein billigeres Papier, sofern es nur radierfest ist.

Für Zeichnungen, bei denen es auf Dauerhaftigkeit und sehr gute Ausführung besonders ankommt, sind kartonierte Zeichenpapiere (Stärke 0,9—1,1 mm) zu empfehlen. Sie sind vorgeschrieben für Patenteingaben. Diese Kartonpapiere werden auf den Tisch aufgezweckt und gestatten das Anlegen vortrefflich, ohne sich zu werfen. Sie bieten bei Anfertigung einer größeren Arbeit mit vielen Zeichnungen den Vorteil, daß ein Übertragen einzelner Teile einer Zeichnung in eine andere bedeutend erleichtert wird, da das Handhaben der schweren Reißbretter fortfällt. Außerdem ist für Aufbewahrung der in Arbeit befindlichen Zeichnungen ein viel kleinerer Raum notwendig, und die vollendete Zeichnung verzieht sich nicht wie die auf unkartoniertem Papier gefertigte. Man hat aber beim Einkauf darauf zu achten, daß der Karton nicht wellig ist. Diese Wellen sind nicht mehr zu entfernen und machen ein genaues Zeichnen unmöglich.

Neben den Zeichenkartons sind die auf Leinwand aufgezogenen Papiere zu nennen. Sie kommen besonders für Lagepläne, Nivellements, Katasterpläne u. dgl. in Betracht. Die Verwendung dieser sehr dauerhaften Papiere sichert die stete Genauigkeit der einmal aufgetragenen Längen. Außerdem kann man die Zeichnungen rollen, was für das Arbeiten im Freien sehr erwünscht ist. Als Material für Kartenpläne, die meist zu langer Aufbewahrung bestimmt sind, hat man auch aus mehreren Lagen zusammengeklebte Papiere. Zeichenfläche ist Whatman, darunter eine oder zwei Zwischenlagen, das Ganze auf Leinen aufgezogen.

Zum Entwerfen ist Millimeterpapier gebräuchlich. Es ist Zeichenpapier mit einem Netz von Quadraten in blauer oder brauner Farbe überzogen. Seitenlängen der Quadrate sind 1, 2, 5, 10 mm. Daneben gibt es auch Teilungen nach englischen Maßen. Zum skizzierenden Entwerfen besonders von Grundrissen sowie zum Auftragen von Kurven und Diagrammen ist Millimeterpapier sehr geeignet. Für genaues Zeichnen dagegen ist es nur dann zu empfehlen, wenn die Teilung des Netzes richtig ist, wovon man sich durch die Diagonalprobe (Zeichnen von Diagonalen, die stets durch die Schnittpunkte der Senkrechten und Wagerechten gehen müssen) überzeugen kann. Im anderen Falle sind lange Linien an Schiene oder Dreieck nicht zu zeichnen, da die Netzlinien nicht mit den Ziehkanten der Zeichengeräte zusammenfallen. Etwas mehr Sicherheit gegen diese Gefahr bieten Millimeterpapiere, wenn sie bereits vor dem Bedrucken auf Leinwand aufgezogen sind. Schleicher & Schüll, Düren bieten eine besonders reiche Auswahl von Millimeterpapieren in den verschiedensten Farben und Stärken in Rollen, Bogen und Blockform.

Für Aquarellmalerei wählt man ein kräftiges, rauhes Papier, je nach Zweck und Umfang des Bildes mit grobem oder feinerem Korn.

Für freihändige Skizzen mit Aquarell- oder Kreidebehandlung sei besonders auf die in verschiedensten Farben und verschiedenster Oberflächengestaltung vorhandenen Tonpapiere hingewiesen. Von diesen verdient besonders für den Architekten das Kamerunpapier Beachtung (bei Martz, Stuttgart; E. Heckendorf, Berlin). Der bräunlich graue Ton desselben bei mäßig rauher Oberfläche bringt jede Zeichnung auch bei einfachster farbiger Behandlung wirkungsvoll zur Geltung.

Firmen, die auch alle obengenannten Papiere in vielen Sorten führen, sind Gebr. Wichmann, Berlin; E. Heckendorf, Berlin; Schleicher & Schüll, Düren; H. A. Schöller, Düren; A. Martz, Stuttgart; R. Reiß, Liebenwerda; F. Weiland, Liebenwerda.

6. Das Pauspapier.

Ein höchst wichtiges Hilfsmittel für den Zeichner ist das Pauspapier (geöltes oder Pflanzenfaserpapier, nicht Seidenpapier). Die Durchsichtigkeit des Papieres gestattet Zeichnungen in einfachster Weise zu vervielfältigen. Man zieht die Linien der unverrückbar fest darunter gelegten Zeichnung nach und kopiert sie durch Lichtpausverfahren auf lichtempfindliches Papier (s. Nr. 65). Gutes Pauspapier soll äußerst durchsichtig, weiß oder bläulich, wenig oder gar nicht geölt, möglichst geruchlos, fest, aber nicht brüchig sein und das Anlegen mit Farbe gut gestatten. Zu verwerfen sind rötliche oder gelbliche Pauspapiere, weil sie nicht für Vervielfältigungszwecke zu brauchen sind.

An geölten Pauspapieren hat man dünnes verhältnismäßig billiges Konstruktionspauspapier, nicht ganz geruchlos, aber sehr klar durchscheinend, mittelstarke und starke Sorten, die radierfest und geruchlos sind und in der Verwendungsmöglichkeit dem Pausleinen nahekommen. Letztere sind geeignet für Lichtpausoriginale, die oft gebraucht werden.

Die nicht geölten Transparentpapiere sind ebenfalls in verschiedenen Stärken vorhanden, mehr oder weniger durchscheinend. Sie sind für das Skizzieren und Entwerfen mit Bleistift sowie in den dünneren Sorten für Lichtpausen von Bleistiftzeichnungen sehr zu empfehlen. Vielfach wird in der Praxis heute die Bleizeichnung auf Pauspapier überhaupt gleich als Originalzeichnung benutzt. Dann ist besonders darauf zu achten, daß das Papier bei bester Durchsichtigkeit doch dem Einreißen widersteht.

Ein recht brauchbares Papier ist das englische Pergamentpauspapier. Es ist dauerhaft, dabei fettfrei und wird nicht gelb. Soll dies Papier getuscht werden, so muß man es wie einen gewöhnlichen Zeichenbogen aufspannen, wodurch jedes Welligwerden vermieden wird. Es ist jedenfalls ein guter Ersatz für die teure Pausleinwand (s. Nr. 53).

Auch Millimeterpapier gibt es als Pauspapier.

Zum Aufziehen der Pausen sind für diesen Zweck bereits gummierte Tauenrollenpapiere zu haben, über deren Anwendung Näheres in Nr. 53 zu finden ist.

Für Wettbewerbsarbeiten empfiehlt es sich, Transparentpapier über den meist durch Änderung unsauber gewordenen Entwurf zu legen, die Zeichnung auszuziehen und das Blatt mit reinem Kleister auf weißen Karton aufzuziehen. Man spart Arbeit und erhält saubere widerstandsfähige Blätter.

Zum Aufspannen des Pauspapieres auf das Reißbrett oder den Tisch wird von Gebr. Wichmann ein gummiertes transparentes Bandpapier 2 cm breit geliefert.

Für Übertragung der Zeichnung einer Pause auf Zeichenpapier verwendet man ölfreies Graphitpapier oder farbige Kopierpapiere. Die farbige Fläche wird auf das Zeichenpapier gelegt, die Pause darüber, dann werden die Linien mit hartem Bleistift oder besser mit einem Horngriffel nachgezogen, wodurch der Abdruck entsteht. Bei mehrfacher Wiedergabe eines Lageplanes z. B. (Einzeichnungen in vorhandene Pläne) leistet Graphitpapier gute Dienste. Vorsicht beim Gebrauch ist jedoch notwendig, um Ungenauigkeiten und Unsauberkeiten zu vermeiden.

Auch mit Holzkohle eingeriebenes Papier, das sauberer ist, kann man benutzen. Der etwa auf die Zeichnung geratene überflüssige Kohlenstaub wird am leichtesten durch vorsichtiges Schlagen mit dem Taschentuch entfernt.

7. Die Pausleinwand.

Bedeutend haltbarer, aber auch viel teurer als Pauspapier ist Pausleinwand. Wenn die gepausten Zeichnungen viel gebraucht und längere Zeit aufbewahrt werden sollen, so verdient die Pausleinwand entschieden den Vorzug vor dem Pauspapier. Sie gestattet, die Pausen gerollt aufzubewahren, während die Pausen auf Pauspapier erst mit Aufwand von Zeit und Kosten auf Karton gespannt werden müssen und dann schlecht zu rollen sind.

Pausleinwand soll besonders haltbar und gut durchsichtig sein. Sie darf nicht fetten, muß Ausziehtusche und Farbe gut annehmen und mäßiges Radieren zulassen, ohne daß das Gewebe zerstört wird. Es ist jedoch zu bemerken, daß manche käuflichen flüssigen Ausziehtuschen mehr oder weniger von Pausleinwand „abspringen", daher nicht immer einen gleichmäßigen, ununterbrochenen Strich liefern. Nur gute chinesische Tusche verbürgt auf beiden Seiten der Pausleinwand einen tadellosen Strich (s. Nr. 53).

8. Der Leim.

Den Leim braucht der Zeichner vorzugsweise zum Aufspannen der Zeichenbogen auf die Reißbretter und als Zusatz zu Farben. Der Leim muß gut kleben, dünnflüssig, haltbar und möglichst farblos sein, damit ein Beflecken des Papieres vermieden wird und er als Zusatz zu Farben keine Änderung derselben hervorruft. Gummiarabikum in Pulverform, mit Wasser zubereitet und einem von „Weyde und Weickert" empfohlenen Zusatz von etwas Karbol, das das Verderben verhüten soll, gibt einen brauchbaren Leim, doch finden sich auch unter den käuflichen flüssigen Bureauleimen gute Sorten. Sehr zu empfehlen für das Aufspannen von Zeichenbogen ist das Dextrin, ein Stärkegummi, den man im Handel in Pulverform erhält. Dextrin wird mit Wasser dickflüssig angerührt und trocknet schneller als Leim, hält somit leichter den Bogen auf dem Reißbrett fest.

Zum Aufstreichen ist ein breiter Borstenpinsel zweckmäßig, der am besten nach jedem Gebrauch gereinigt wird, oder aber im Leim steckenbleibt. Letzteres empfiehlt sich bei säurehaltigen Leimen jedoch nicht, da sich dann leicht Grünspan ansetzt. Deshalb ist bei zufällig vorhandenen offenen Wunden, mögen sie auch noch so klein sein, beim Gebrauch des Leimes Vorsicht geboten. Am zweckmäßigsten ist die Anwendung eines Pinsels, der keine Metallteile besitzt, also weder rosten noch Grünspan ansetzen kann.

Sehr praktisch für flüssigen Leim sind Flaschen mit einem hutartigen Verschluß aus Gummi. Dieser gibt durch einen seitlichen Schlitz den zum Gebrauch notwendigen Leim ab, wenn man mit dem Gummihute eine Fläche bestreicht. Ein Pinsel ist hierbei nicht erforderlich. Der Verschluß verhindert ein Eintrocknen des Leimes, der also sehr lange vorhält. Das Arbeiten mit einer solchen Flasche ist recht sauber. Sie ist zu beziehen durch Soennecken, Bonn, Gebr. Wichmann, Berlin, Martz, Stuttgart.

9. Die Reißnägel.

Die Reißnägel oder Heftzwecken dienen zum Aufheften von Zeichenpapier, das nicht mit Farbe behandelt werden soll. Man kaufe keine Reißnägel, deren Stifte oben auf der Kopfplatte sichtbar oder nicht eingeschraubt sind, obgleich sie den Vorzug der Billigkeit haben. Sie drücken sich beim Gebrauch leicht durch, werden hierdurch unbrauchbar und können Verletzungen der Finger herbeiführen. Zu empfehlen sind Reißnägel, deren Stift in eine Kopfplatte eingeschraubt ist, die noch mit einer zweiten dünnen Platte überkapselt ist. Ihre Ränder sollen so flach sein,

daß sie der Führung von Schiene und Winkel möglichst wenig
hinderlich sind.

Die Länge der Stifte richtet sich nach der Stärke des aufzuspannenden Papieres. Je stärker dies ist, desto stärker ist z. B.
bei Rollenpapier auch die Spannung in dem gerollten Bogen und
um so tiefer muß der Reißnagel in das Brett dringen, um den
Bogen festzuhalten.

Billiger als die beschriebenen Reißnägel sind Stahlreißbrett-
stifte, bei denen der Stift keilförmig aus der Kopfplatte gestanzt
und herabgebogen wird. Diese drücken sich nicht durch, springen
aber leicht aus und rosten stark. Außerdem durchschneiden sie
leicht die Holzfasern des Brettes senkrecht zur Längsrichtung und
lassen sich schwer ausziehen. Zum Ausziehen der Reißstifte gibt
es sogenannte Zweckenheber oder Zweckengabeln.

10. Die Zeichnungsbeschwerer.

Zeichnungen, die abgezeichnet werden sollen, aber sehr geschont
werden müssen, werden nicht aufgezweckt, sondern mit Zeichnungs-
beschwerern festgelegt. Die zweckmäßigsten sind starke Blei-
platten mit Wildleder überzogen, um ein Beflecken der
Zeichnungen zu verhindern und dem Beschwerer eine feste Lage
auf dem oft glatten Papier zu geben.

11. Die Maßstäbe.

Die Maßstäbe sind entweder Anlegemaßstäbe mit durchlaufen-
der Teilung, um die Maße unmittelbar oder mit Zirkel auf die
Zeichnung zu übertragen, oder Transversalmaßstäbe, nach denen
man mit Hilfe des Zirkels jedes in Zahlen ausgedrückte Maß genau
auftragen kann. Die ersteren leisten gute Dienste und ermöglichen
ein schnelles Arbeiten, solange die aufzutragenden Maße mit den
Teilstrichen zusammenfallen. Sobald eine Schätzung zwischen
den Teilstrichen eintreten muß, kann die erforderliche Genauigkeit
nur bei einiger Übung erzielt werden.

Bei einem guten Maßstab muß die Teilung in sich
genau sein, d. h. sämtliche Teilstriche müssen dieselbe Entfernung voneinander haben, was sich durch einen guten Teilzirkel
(s. Nr. 17c) feststellen läßt. Witterungschwankungen dürfen auf
die Teilung des Maßstabes keinen störenden Einfluß haben. Ferner
ist darauf zu achten, daß der Maßstab, wenn er als Anlegemaßstab
dient, stets mit seiner ganzen Fläche fest auf dem Zeichenbrett aufliegt.

Als Anlegemaßstäbe sind die aus Buchsbaum gefertigten am meisten in Gebrauch (solche aus Ahorn sind nicht so zuverlässig). Sie verändern sich wenig und sind preiswert. Die aus Elfenbein hergestellten Stäbe zeichnen sich durch ihre große Sauberkeit aus und lassen die Teilung besonders gut erkennen, sind aber teuer und zerbrechlich. Maßstäbe aus Messing, Neusilber oder Stahl sind die teuersten. Sie sind dauerhaft und genau, aber wenn nicht mattiert für empfindliche Augen weniger angenehm als Holzmaßstäbe.

Der Querschnitt des Maßstabes ist meistens ein Trapez oder, wenn er viele verschiedene Teilungen enthalten soll, ein Dreieck. Zu erwähnen ist auch ein linsenförmiger Querschnitt, der ein scharfes Anlegen und Markieren gestattet, aber den Vorteil des festen Aufliegens nicht gewährt.

Sehr empfehlenswert sind die Zeichenmaßstäbe mit Rundstabgriff oder die mit Griffknopf. Sie sind außer in Holz auch mit elfenbeinartiger Zelluloidauflage für die Teilungen zu haben.

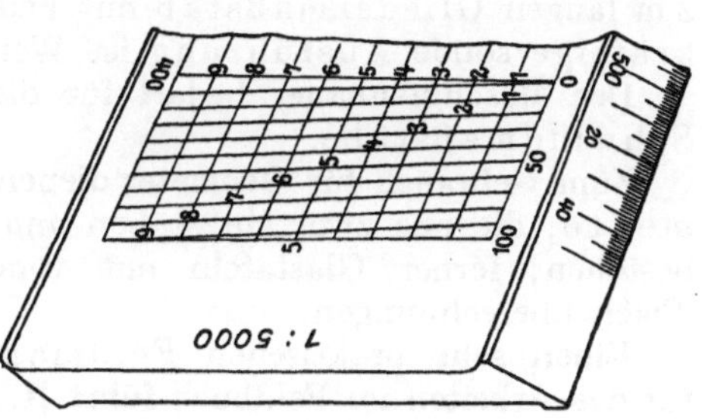

Abb. 1. Transversalmaßstab.

Von den dreikantigen Maßstäben mit verschiedenen Teilungen (Reduktionsmaßstäbe) sind besonders die mit hohem leicht nach innen gewölbtem Profil praktisch. Sie liegen nicht mit der ganzen Dreieckseite, sondern nur mit der scharfen Kante auf.

Die Maßstäbe werden in Längen von 20, 30, 50 cm geliefert. Die mittlere Länge ist am bequemsten zu handhaben und ist auch für die meisten Zwecke ausreichend.

Auch die Rechenschieber sind als Anlegemaßstäbe gut zu benutzen.

Die Transversalmaßstäbe werden vorzugsweise aus Metall gefertigt, da ein anderes Material sehr bald durch die häufigen Zirkelstiche zerstört würde. Da die unmittelbare Berührung des Metalls mit dem Zeichenpapier Unsauberkeiten hervorruft, so empfiehlt es sich, sie auf einer Papierunterlage zu gebrauchen, deren seitlich abgebogene Ränder das Herabgleiten von der Unterlage verhindern oder Maßstäbe mit erhöhten Kanten zu wählen (Wichmann), die hohl liegen, wodurch auch die Teilungen vor Zerschrammen geschützt werden (Abb. 1).

Bedeutend billiger und sauber im Gebrauch sind auf starkes Kartonpapier gedruckte Maßstäbe, die auch als Fächermaßstäbe mit zehn verschiedenen Teilungen zu haben sind. Sie sind, wenn sie nicht gar zu lange benutzt und nicht geknickt werden, von ausreichender Genauigkeit.

Das zeitraubende Aufzeichnen der Maßstäbe auf die Zeichnungen ersparen Papiermaßstäbe, die man, wo dies angängig ist, aufklebt.

Zum Abmessen des Papieres und zur Einteilung der Zeichnungen sind wegen ihrer Handlichkeit und Genauigkeit Taschenstahlmeßbänder von 1—2 m Länge in Kapseln mit Feder zum selbsttätigen Aufrollen sehr empfehlenswert.

Um Bauteile oder Modelle aufzumessen, benutzt man einen 2 m langen Gliedermaßstab mit Feder in den Gelenken. Auf kräftige solide Ausführung ist Wert zu legen.

Der Maschinenbauer bedarf für die Gußmodelle besonderer Schwindmaßstäbe.

Zum Gebrauch für Geometer dienen Kartierungsinstrumente, die aus zwei Maßstäben und einem Ordinatenschieber bestehen; ferner Glastafeln mit verschiedenen Teilungen für Flächenberechnungen.

Einen sehr praktischen Feldmaßstab von Schmeißer für das Arbeiten im Feldbuch führt R. Reiß, Liebenwerda. Der Maßstab ermöglicht die genauen Senkrechten zu Messungslinien zu ziehen und macht Lineal und Dreieck entbehrlich.

Über die verschiedenen Planimeter, besonderen Kartierapparate u. dgl. unterrichtet man sich am besten aus den Verzeichnissen von Gebr. Wichmann, Berlin und R. Reiß, Liebenwerda.

12. Die Bleistifte.

Ein guter Bleistift muß sich gut anspitzen lassen, beim Abschneiden des Holzes darf die Spitze nicht mit abbrechen. Das Holz (Zeder) muß also gleichmäßig weich sein. Der Bleistift darf sich im Gebrauch nicht zu schnell abnutzen, muß ein gleichmäßiges Korn haben und einen feinen Strich ermöglichen, der leicht wieder zu entfernen ist.

Allgemein gilt für den Ankauf von Bleistiften, daß für Zeichnungen von Ornamenten, Ansichten in großem Maßstabe und für alle solche, denen ein gewisser künstlerischer Wert beigemessen wird, die besten Fabrikate vorzugsweise gebraucht werden, für Zeichnungen des Feldmessers und des Ingenieurs die billigeren Sorten meistens genügen (vgl. Nr. 49).

Sehr beliebt wegen ihres gleichmäßigen Kornes sind die Erzeugnisse von A. W. Faber (seit 1761) und Joh. Faber in Nürnberg sowie von L. und C. Hardtmuth in Wien (seit 1790). Daneben sind die empfehlenswerten Stifte von G. W. Sußner und von der Schwan-Bleistift-Fabrik in Nürnberg (Großberger & Kurz) zu nennen.

Die einfacheren Sorten sind meist in fünf Härtegraden vorhanden:

Nr. 1, sehr weich und sehr schwarz;

Nr. 2, weich und schwarz;

Nr. 3, mittel;

Nr. 4, hart;

Nr. 5, sehr hart.

Die zur Zeit besten Bleistifte: „Castell" von A. W. Faber, „Polygrades" von Joh. Faber, „Schwan" von Großberger & Kurz, „Koh-I-Noor" von Hardtmuth werden in 15 bis 17 Härtegraden hergestellt mit folgenden Bezeichnungen:

6 B, außerordentlich weich und schwarz;

5 B, extra weich und extra schwarz;

4 B, sehr weich und extra schwarz;

3 B, sehr weich und sehr schwarz;

2 B, weich und sehr schwarz (Nr. 1);

B, weich und schwarz;

HB, weniger weich und schwarz (Nr. 2);

F, mittel (Nr. 3);

H, hart;

2 H, härter (Nr. 4);

3 H, sehr hart;

4 H, ganz hart (Nr. 5);

5 H, 6 H, 7 H, extra hart;

8 H, 9 H, am härtesten.

Außer dem mit Holz bekleideten Stift, bei dem das Wegnehmen des Holzes beim Anspitzen immerhin einigen Aufenthalt verursacht, ist vielfach der sogenannte Fabersche Künstlerstift im Gebrauch, ein gleich dem gewöhnlichen Bleistift geformtes Holzrohr mit Schraubenhülse und Bleieinlage am Ende. Bei diesem Stift ist das Anspitzen also sehr erleichtert. Die Bleieinlage kann fast bis zum letzten Rest verbraucht werden und die Spitze ist nach dem Gebrauch in der Hülse vor Abbrechen geschützt. Nachteilig ist dabei, daß die Schraubenhülse die Bleieinlage nicht immer so fest hält, daß ein Hineinschieben der Einlage in das Rohr verhindert wird und daß sich die Schraubenhülse allmählich ausleiert, wodurch der Stift sofort unbrauchbar wird.

Für das Zeichnen von Landschaften, Ornamenten usw. hat A. W. Faber einen Stift mit breitem weichen Blei in Zedernholz, nicht poliert, in vier Härtegraden hergestellt. Die breite Form bietet dem Zeichner den Vorteil, Striche in den feinsten Umrissen bis zu den breitesten Schatten, je nach Stellung der Stifte, hervorzubringen. Beim Spitzen ist darauf zu achten, daß man die Form des Bleies beibehält und die Spitze schräg zuläuft. Zum Kartonzeichnen hat Faber einen sechseckigen Graphitstift ohne Fassung hergestellt. Eine Nickelhülse nimmt ihn zum Gebrauch auf. Extra dicke sechseckige Stifte werden auch in Farben geliefert.

Für Einzelzeichnungen in natürlichem Maßstabe auf grobem Papier ist auch der gewöhnliche ovale Zimmermannsbleistift wohl zu brauchen.

Als Taschenbleistifte sind Stifte zu empfehlen, bei denen durch eine Vorrichtung zum Schrauben oder Ziehen der Bleistift aus der Hülse hervortritt.

13. Die Anspitzmittel.

Ein gutes Taschenmesser leistet bei dem Entfernen des Holzes von dem Bleistift entschieden die besten Dienste und führt jedenfalls am schnellsten zum Ziel.

Zum Schärfen der Spitze selbst bedient man sich außer dem Messer der Feile, des Bimssteines, Sandpapieres oder rauh gemachten Papieres.

Die Feilen müssen ein gutes Fabrikat und der Härte des anzuspitzenden Stiftes angemessen sein. Zu empfehlen ist folgende Vorrichtung: Auf einem polierten Holzklötzchen ist eine Feile angebracht und daneben ein Stückchen Tuch oder Plüsch befestigt, um daran nach dem Anspitzen den noch am Bleistift haftenden Bleistaub zu entfernen. Am einfachsten und saubersten ist jedoch die Benutzung von Bleistiftfeilenkästchen. Eine oder zwei Feilen sind schräg in einem Holzkästchen befestigt, das den abfallenden Bleistiftstaub aufnimmt. Bequem in der Handhabung ist eine Bleistiftfeile mit zwei breiten Ringen an den Enden. Die Ringe dienen zum Halten beim Anspitzen; dadurch wird ein Beschmutzen der Finger vermieden.

Beim Gebrauch von Bimssteinen tut man gut, sie in ein Kästchen zu legen und Berührung der schon benutzten Steinflächen mit den Fingern zu vermeiden. Bei weichen Steinen und weichen Bleistiften reibe man die gebrauchten Steinflächen von Zeit zu Zeit ab, um wieder eine saubere Oberfläche zu erhalten.

Sandpapier und Schmirgelpapier und für weiche Bleistifte körniges Zeichenpapier ist in Blocks in verschiedenen Nummern zu haben.

Allen diesen Verfahren gegenüber dürfte jedoch stets die mit dem Messer in scharfen Kanten abgespaltene Spitze den Vorzug verdienen. Sie hält länger aus als die auf Sandpapier usw. gefertigte, mit dem Vergrößerungsglas betrachtet rauh und eingerissen erscheinende Spitze.

Eine viel benutzte Vorrichtung, die gleichzeitig Holz wegnimmt und die Bleieinlage spitzt, ist eine kegelförmige Metallhülse mit eingesetztem Messer. Sie wird in verschiedenen Formen ausgeführt; auch auf einem Holzständer oder, der Sauberkeit wegen, in einem Kästchen befestigt. Die hiermit erzeugte Spitze genügt zum Schreiben, ist aber für technisches Zeichnen meist nicht schlank genug. Ein besonders praktisches und handliches Instrument dieser Art aus Elektronmetall mit guten Messern ist von der Elektrum G. m. b. H., Erlangen zu beziehen.

Für größeren Betrieb werden vielfach Bleistiftschärfmaschinen benutzt, die auf dem Prinzip des Fräsers beruhen, z. B. die „Jupiter"-Maschine. Auch diese Maschinen liefern vielfach zu stumpfe, für das Zeichnen wenig geeignete Spitzen. Ihnen gegenüber sei die „Avanti"-Spitzmaschine genannt. Sie gestattet, den Bleistift unter verschiedenen Winkeln gegen die Schneidmesser zu führen und dadurch scharfe oder stumpfe Spitzen zu erzielen. Außerdem können die Messer nicht weiter schneiden, sobald die Spitze fertig ist.

14. Die Spitzenschoner und Bleistiftverlängerer.

Um nach dem Gebrauch der Bleistifte mit Holzumhüllung das Abbrechen der Spitzen zu verhüten, bedient man sich der Spitzenschoner. Es sind Metallhülsen, die, über die Spitze geschoben, durch eine Feder oder eine andere Vorrichtung fest an das Holz gepreßt werden und so jede Berührung der Spitze mit anderen Gegenständen verhüten. Ähnlich sind Ebonoid-Spitzenschoner aus einer hartgummiartigen Masse. Sie sitzen fest auf dem Bleistift ohne Ring oder sonstige Einrichtung.

Bleistifte, die bereits so weit verbraucht sind, daß eine sichere Führung nicht mehr möglich ist, können mit Hilfe von Bleistifthaltern oder Spannfedern fast bis auf den letzten Rest verbraucht werden. Die Spannfedern bestehen aus oben und unten gespaltenen Blechhülsen, die durch Federkraft oder übergeschobene

Ringe den eingeschobenen Stift einklemmen und auf beiden Seiten zu benutzen sind. Da das Metall nicht angenehm in der Hand ist, so wird auch der mittlere Teil oder eines der beiden Enden aus Holz hergestellt.

Die von Joh. Faber hergestellten Bleistifthalter, aus einem Holzstiel, der dem Faberschen Bleistift an Aussehen und Gewicht gleichkommt, und einer Metallhülse mit Schraubengewinde bestehend, sind besonders zu empfehlen. In die Hülse werden die Bleistiftenden eingeschraubt. Sie sitzen darin sehr gut fest.

Auch die bereits erwähnten Künstlerbleistifte sind hierher zu rechnen, da sie die Bleieinlagen bis auf geringe Überbleibsel verbrauchen lassen.

15. Die Radiermittel.

Bleistift- oder Tuschlinien beseitigt man mit dem Gummi. Ein guter Gummi darf nicht schmieren, sich nicht zu rasch abnutzen und soll die Striche vollständig entfernen, ohne das Papier zu scharf anzugreifen.

Der technische Zeichner muß stets mehrere Gummisorten zur Hand haben, einen sehr weichen, einen mittelweichen und einen scharfen Tuschgummi.

Die Erzeugnisse der unter Nr. 5 genannten Firmen verdienen auch hierin hervorgehoben zu werden.

Für Ornament- und Architekturzeichnungen sind Waffel- und weicher Speckgummi zu brauchen. Der Anfänger verfahre aber vorsichtig mit diesen Gummiarten, da sie bei zu starkem Druck leicht abfärben, der erstere rot, der letztere schwarz. Ferner sind sehr geeignet der sogenannte „Architektengummi“, der Weichgummi mit der Marke „Elefant“ und die Weichgummi von Gebr. Wichmann. Für Kohlezeichnungen wird Knetgummi oder Feuerschwamm verwendet.

Will man in Bleistift- oder Kreidezeichnungen zu dunkel geratene Flächen in sauberer Weise heller tönen, so bedient man sich des Knetgummis. Betupft man mit diesem, nachdem man ihn zur Spitze geformt hat, irgendeine dunkle Fläche, so bleibt der Bleistaub an dem Gummi haften und die Fläche wird heller, ohne daß die Zeichnung irgendwie darunter leidet.

Schärfere Gummisorten sind für Konstruktions- und Feldmesserzeichnungen zu benutzen. Bei diesen Zeichnungen kommt es darauf an, einen Strich, der entfernt werden soll, derart verschwinden zu lassen, daß man dicht neben der von ihm eben eingenommenen Stelle einen anderen ziehen kann, ohne daß ein

Irrtum möglich ist. Hierfür ist neben anderen mittelharten Sorten, besonders auch für Reinigung größerer Flächen, Buffergummi zu empfehlen.

Mit Tusche ausgezogene Linien entfernt man mit hartem Tuschgummi, A. W. Fabers „Ink Eraser", der naturgemäß stets das Papier ein wenig angreift, oder mit dem Radiermesser. Dieses muß eine halbmondförmige Schneide haben, stets recht scharf gehalten sein und muß vorsichtig und nur zum Radieren benutzt werden. Die von J. A. Henkels, Solingen, gefertigten Radiermesser sind sehr zu empfehlen. Auch Glas- und Sandpapier ist brauchbar. Ferner ist zum Radieren von Bogdan Gisevius, Berlin, ein Glaspinsel in den Handel gebracht, der sich bewährt hat. Mit diesem Pinsel lassen sich Tuschlinien und Tuschflecke unter größter Schonung des Papieres auf bequeme und saubere Weise entfernen.

Zur Beseitigung von Tinte dient Radierwasser. Das Papier wird dadurch nicht angegriffen. Der zu beseitigende Strich oder Fleck wird zunächst mit Wasser angefeuchtet, dieses mit Fließpapier wieder aufgenommen und Radierwasser aufgebracht. Die Tinte wird gelöst und mit dem Fließpapier abgetupft.

Zum Reinigen ganzer Blätter werden die obengenannten weichen Gummisorten verwendet. Farbige Zeichnungen, die besonders geschont werden müssen, reibt man wohl auch mit Brot oder trockner Semmelkrume ab, die aber möglichst frei von Milch sein muß. Am besten ist jedoch hierfür weißes Handschuhabfalleder zu verwenden. Die Zeichnungen erhalten dadurch ein blendendes, zartes und sauberes Aussehen. Man bezieht das Leder am vorteilhaftesten vom Handschuhmacher unmittelbar.

Gummisorten in Stangenform mit Holzfassung sind für technisches Zeichnen nicht zu empfehlen. Die Holzumkleidung führt leicht zu Verletzungen des Zeichenpapieres.

Zum Glätten radierter Flächen ist ein Glättstein, Achat mit Holzgriff, praktisch.

16. Der Handfeger.

Ein nicht zu entbehrendes Hilfsmittel ist der Handfeger. Er wird gebraucht, um die beim Radieren mit Gummi oder Messer gelösten Gummi- oder Papierteile schnell in sauberer Weise von der Zeichnung zu entfernen. Das Beseitigen mit dem Handrücken, dem Taschentuch oder durch Blasen ist nicht zu empfehlen, da hierdurch der gewünschte Erfolg nicht in so vollständiger, schneller und sauberer Weise erreicht wird wie mit dem Handfeger.

Man wähle ein gutes Fabrikat aus weichen Borsten, die nicht leicht ausfallen. Auch weiche Bürsten, Gänseflügel und Hasenläufe sind brauchbar. Letztere erfüllen ihren Zweck ganz vorzüglich.

17. Das Reißzeug.

Ein gutes Reißzeug ist der Stolz des Zeichners. Ihm widmet er von allen Zeichengeräten die größte Sorgfalt. Der Grundsatz, nur gute Bezugsquellen zu wählen, gilt hier ganz besonders, weil die Anschaffungskosten in diesem Falle nicht unerheblich sind und das einmal gewählte Reißzeug dem Zeichner ein notwendiges und unentbehrliches Gerät für das ganze Leben bleiben soll.

Die früher allein benutzten, jetzt „alte Form" genannten Zirkel, die bei guter Beschaffenheit auch heute noch zu empfehlen sind, haben Schenkel mit dreieckigem Querschnitt, mit dreieckiger oder besser runder Spitze, welche letztere nicht so große Löcher in das Papier bohrt wie die eckige. In dem oberen Teile der Schenkel befindet sich beiderseitig eine muschelförmige Vertiefung. Diese gestattet den Zirkel in leichter Weise mit Daumen und Zeigefinger zu öffnen. Die Einsatzteile werden mit Schrauben gehalten.

Eine neue Form brachte das Patent von Clemens Riefler (Nesselwang und München), Zirkel mit Schenkeln von kreisförmigem Querschnitt, mit runden Spitzen und mit federartiger Befestigung der Einsätze ohne Schraube. Diese Zirkel sind erheblich leichter und billiger als die alte Form. Sie haben nicht die für das Öffnen so bequeme Muschel und haben auch eine andere Einrichtung des Scharnieres am Kopfe.

Nach Ablauf des Rieflerschen Patentes wurde dieses für viele Nachahmungen vorbildlich. Aus den verschiedensten Formen der Zirkelschenkel und Spitzen haben sich schließlich zwei Systeme herausgebildet: das Rundsystem, Zirkelschenkel und Spitzen rund, und das Flachsystem, rundliche Zirkelschenkel an zwei Seiten abgeflacht, Spitzen nadelförmig. Beide Systeme sind gut und es muß jedem Zeichner überlassen bleiben, welches er wählen will. Das Flachsystem hat den äußerlichen Vorzug der eleganteren Gestaltung. Außerdem ist der Ersatz verbrauchter Spitzen bequem.

Weitverbreitet und sehr zu empfehlen sind die Präzisionsreißzeuge von E. O. Richter, Chemnitz, nach dem Flachsystem. Die einzelnen Instrumente sind solide und geschmackvoll konstruiert, dauerhaft und bewähren sich beim Gebrauch vorzüg-

lich. Sehr gut und praktisch sind auch die Fabrikate von Gebr.
Wichmann, Berlin NW 6, Karlstraße 13.

Vor allem heißt es hier Augen aufhaben und prüfen. Die
frühere Handarbeit ist jetzt ganz durch Fabrikarbeit verdrängt,
die durch ihre äußere Form und ihren Glanz besticht. Man
beziehe sein Reißzeug also dorther, wo man sicher ist, daß jeder
Gegenstand sorgfältig geprüft und alle Fabrikationsfehler beseitigt
werden. Nur dann hat man die Gewähr, daß man auch mit einem
billigen Reißzeug arbeiten kann. Es ist nämlich wirklich nicht
selten, daß Reißzeuge Ziehfedern enthalten, mit denen es selbst
bei größter Sachkenntnis und Geduld nicht möglich ist, auch nur
einen brauchbaren Strich zu ziehen.

Reißzeuge sind in den verschiedensten Zusammenstellungen
im Handel, vom einfachsten bis zum reichhaltigsten. Die größeren
Firmen liefern auch Zusammenstellungen nach besonderen Wünschen. Der Anfänger ziehe vor dem Kauf seines Reiß-
zeuges unbedingt einen Sachverständigen zu Rate,
damit er nicht eine Zusammenstellung wählt, in der für seinen
Zweck notwendige Geräte fehlen und allerlei überflüssige vorhanden
sind.

Unbedingt notwendig für jeden Zeichner sind:
ein Handzirkel (Stechzirkel, 15 cm lang),
ein Einsatzzirkel, dessen beide Spitzen abnehmbar sind,
mit Nadel-, Ziehfeder-, Bleieinsatz und Verlängerungsstange,
ein Nullenzirkel mit Ziehfeder- und Bleieinsatz,
ein Teilzirkel,
zwei Ziehfedern,
ein Zirkelschlüssel oder ein Schraubenzieher,
Ersatz-Zentrierspitzen und Ersatz-Einsatzspitzen.

Zirkelschlüssel sind oft, auch bei besseren Reißzeugen, etwas
stiefmütterlich behandelt. Man muß stets darauf achten, daß der
Schlüssel auch zu allen im Besteck vorhandenen Zirkeln paßt.
Die oft noch erwünschte Punktiernadel kann man sich selbst
herstellen mit einer Nähnadel, deren Handhabe durch eine
Siegellackkuppe oder eine aufgesetzte Porzellanperle gebil-
det wird.

Die noch etwa notwendigen Geräte sind nach dem besonderen
Fache des Zeichners zu wählen, meistens wird aber die angegebene
Zusammenstellung genügen (vgl. Nr. 35).

Reißzeuge bestehen aus Neusilber, Messing oder Stahl. Ihrer
Sauberkeit wegen sind die aus Neusilber oder vernickelte Instrumente sehr zu empfehlen. Unsauber gewordene Reißzeuge kann
man aufpolieren lassen.

Die Reißzeugkästen sind entweder in dauerhaftem Leder oder in Holz mit Kalikobezug hergestellt und mit Sammet ausgelegt. Für die gute Erhaltung der Instrumente ist es zweckmäßig, das Besteck innen mit Wildleder beziehen zu lassen, nach jedem Gebrauch alle Teile mit einem Wildlederlappen sorgfältig zu reinigen, von Zeit zu Zeit die Schrauben und Gelenke vorsichtig zu ölen und die Ziehfedern und Zirkelspitzen stets rechtzeitig schleifen zu lassen. Recht bequem ist es, wenn man sich die Übung angeeignet hat, das Schleifen selbst vornehmen zu können. Es gehören dazu aber sehr gute Schleifsteine, die teuer sind, und große Übung. Eine Ziehfeder gut zu schleifen, ist sogar nicht jeden Mechanikers Sache.

Von Schleifsteinen kommen hier in Frage die gewöhnlichen Ölsteine, schwedische genannt, und als besonders empfehlenswert die Mississippi- oder Arkansasölsteine. Letztere sind außerordentlich hart, marmorartig und von weißer Farbe. Sie sind allerdings teuer.

a) Die Zirkel.

Ein guter Zirkel darf nicht zu leicht sein und nicht federn. Er muß einen guten Gang haben, gut „stehen", d. h. der Bewegung der Finger beim Stellen leicht folgen, ohne ruckweise zu gehen, und das eingestellte Maß auch bei leichter, zufälliger Berührung unverändert behalten. Die Zirkelspitzen müssen bei geschlossenem Zirkel sich genau decken und gleich lang sein. Bei der Bewegung dürfen die Spitzen sich nur in einer zur Drehachse senkrechten Ebene bewegen; dies letztere gilt auch von allen Gelenkverbindungen, die recht gut schließen müssen. Sämtliche Einsätze müssen genau ineinander passen und die dazugehörigen Schrauben dürfen keinen toten Gang haben.

Zum Abgreifen und Auftragen der Maße dient der Handzirkel, zum Zeichnen von Kreisen der Einsatzzirkel mit Einsatzstange für Blei und Tusche, Verlängerungsstange für größere Radien und Nadeleinsatz mit Zentrierspitze. Die Zentrierspitze ist notwendig, um die Mittelpunkte der Kreise nicht auszuleiern, wodurch Ungenauigkeiten entstehen würden. Bei Anwendung des Nadeleinsatzes müssen aber beide Spitzen abnehmbar sein. Will man bei einem Zirkel mit nur einem abnehmbaren Schenkel dem Übelstand großer Löcher an den Mittelpunkten begegnen, so bedient man sich des Zentrierschuhes, der auf die feste Spitze aufgeschoben wird und eine feine Nadel enthält, oder der Zentrierzwecke.

b) Der Nullenzirkel.

Der Nullenzirkel ermöglicht das Ziehen sehr kleiner Kreise. Er muß sehr genau gearbeitet sein. Die Nadel muß sehr fein sein und ist so zu stellen, daß das Loch im Papier möglichst klein wird, da sonst keine Kreise, sondern unregelmäßige Kurven entstehen.

Am meisten im Gebrauch ist der Fallnullenzirkel. Er hat vor dem einfachen Nullenzirkel den Vorzug, daß er beim Ziehen der Kreise das Loch für den Mittelpunkt nicht erweitert, da nur eine drehende Bewegung um den Mittelpunkt notwendig ist, um die Feder zum Ziehen zu bringen, nicht eine zugleich drückende, wie beim einfachen Nullenzirkel. Zu empfehlen sind die patentierten Fallnullenzirkel mit feststehender Spitze, Ziehfeder und Bleieinsatz von Richter in Chemnitz. Bei Benutzung des Fallnullenzirkels muß man vor allen Dingen die Spitze ruhig und gerade halten, während man die Feder leicht und ohne zu drücken herumdreht.

c) Der Teilzirkel.

Der Teilzirkel wird benutzt, wenn eine gegebene Strecke in eine Anzahl genau gleicher Teile zu teilen ist. Die beiden Schenkel des Zirkels sind aus einem Stück Stahl federartig gearbeitet. Durch eine Schraube mit flachem Gange läßt sich die Entfernung der Zirkelspitzen um ganz geringe Unterschiede verändern. Dieses Gerät muß äußerst vorsichtig behandelt werden und die Schraube stets gut geölt sein, da sie sonst leicht ausreißt, wodurch der Zirkel unbrauchbar wird.

Bei einer Art des Teilzirkels ist die Schraube an einem Schenkel durch Gelenk befestigt und durchbohrt den anderen Schenkel; durch die außen sitzende Mutter erfolgt dann die Einstellung. Bei einer anderen Art durchbohrt die Schraube beide Schenkel mit Rechts- und Linksgewinde. Auf der von den Schenkeln mit Gelenk gehaltenen Schraube sitzt zwischen den Schenkeln fest ein gezähntes Rädchen. An diesem kann man die Einstellung mit dem vierten Finger der den Zirkel haltenden Hand ohne Zuhilfenahme der anderen Hand vornehmen.

Manchmal befindet sich auch an den Handzirkeln eine Vorrichtung, die den Teilzirkel ziemlich ersetzt. Die eine Spitze des Handzirkels ist in zwei ungleiche Teile gespalten, die durch eine Schraube voneinander entfernt oder einander genähert werden können. Man kann also damit, wenn ein Maß in den Zirkel genommen ist, dieses durch die Schraubvorrichtung um sehr kleine Entfernungen verändern.

d) Die Ziehfedern.

Eine gute Ziehfeder muß aus vorzüglichem Material bestehen, möglichst aus einem Stück besten Stahls geschnitten sein (gelötete Zungen sind nicht zu empfehlen), parallele Zungen und eine genau eingesetzte Schraube mit flachem Gang haben, die beim Schließen der Feder eine vollständige Deckung der Spitzen bewirkt. Ferner muß jede Ziehfeder die Tusche bei feinen Strichen gut abgeben und darf sie bei breiten nicht fallen lassen. Ziehfedern mit einer beweglichen Zunge, die das Reinigen erleichtern soll, sind nicht zu empfehlen, da das Gelenk nur Anlaß zu Ungenauigkeiten in der Stellung der Zungen gibt.

Man unterscheidet zwei Hauptarten von Ziehfedern, solche mit Zugschraube und solche mit Druckschraube (von Gärtner). Die Handhabung für das Einstellen ist also bei beiden entgegengesetzt. Bei gleich guter Ausführung sind die Leistungen beider inbetreff feiner Striche gleich. Den mit Druckschraube versehenen Federn wird die leichte Beweglichkeit der Schraube zum Vorwurf gemacht, während viele Zeichner gerade diesen Umstand lobend hervorheben, da man mit dem vierten Finger der die Feder haltenden Hand eine Veränderung in der Strichstärke vornehmen kann, wodurch Zeit gespart wird.

Zweckmäßig sind Ziehfedern, deren Schraube mit einer Skala versehen ist, so daß ohne Probieren eine bestimmte Strichstärke eingestellt werden kann. Diese Vorrichtung kommt dem Zeichner besonders bei Anwendung der Lehmannschen Bergstrichmanier gut zustatten. Vor allem haben diese Federn den Vorzug, daß man stets genau die gleiche Strichstärke ohne weiteres einstellen kann.

Um zum Reinigen die eingestellte Entfernung der Zungen nicht ändern zu müssen, sind von Richter die Ziehfedern mit den sogenannten „+ Scharnieren" eingeführt.

Zu erwähnen ist noch eine Ziehfeder, deren Stellung nicht durch eine an den Zungen angebrachte Schraube, sondern durch Drehung eines Knopfes am Ende des Stieles erfolgt; jedoch ist sie für feine Striche nicht zu verwenden, da die Zungen nicht hinreichend stark aneinander gepreßt werden.

Von dem Mechaniker Beiker in Strelitz in Mecklenburg werden Ziehfedern hergestellt, deren an der Ziehkante liegende Zunge besonders stark gebaut ist, um dem Fehler des Federns zu begegnen.

Zu empfehlen sind Ziehfedern mit breiten Zungen. Sie sind sicher an der Ziehkante zu führen, fassen viel Tusche und sind an ihrem kräftigen Stiel bequem zu halten.

Von billigen Ziehfedern sind als brauchbar zu nennen Federn aus Hartgummi, deren Spitzen zwar stark federn und sich auf Zeichenpapier schnell abnutzen, die sich jedoch gut für Deckfarben eignen; ferner die Ziehfedern von Soennecken, deren Zungen stark gewölbt sind, wodurch die Feder ein großes Fassungsvermögen erhält.

Es ist zweckmäßig, nach dem Gebrauch und sorgfältiger Reinigung der Ziehfeder ein Stückchen Karton zwischen die Zungen zu schieben.

18. Die Ausziehtusche.

Die Ausziehtusche muß eine tiefschwarze, völlig deckende Farbe haben und leicht aus der Feder fließen. Sie darf die Feder nicht angreifen und darf nicht auslaufen, auch dann nicht, wenn sich zwei noch nasse Linien kreuzen. Ferner muß die Ausziehtusche schnell trocknen und sicher „stehen", d. h. sie muß ein Überfahren der getrockneten Striche mit nassem Pinsel oder Schwamm gestatten ohne zu verlaufen. Hierauf ist bei der Anschaffung besonderer Wert zu legen und wenn man Tusche in Stücken kauft, unbedingt mit jedem einzelnen Stück eine Probe vorzunehmen.

Redliche Geschäfte nehmen jede Tusche, die nicht sicher steht, zurück. Als vorzüglich bekannt ist die chinesische Tusche, in Stangenform, doch gibt es auch gleich gute deutsche Fabrikate. Vorsicht beim Einkauf ist aber stets geboten. Am Preise spare man nicht. Ein Stück gute Tusche ist teuer, reicht aber meistens für ein Menschenalter aus und gibt den Zeichnungen stets ein vornehmes Aussehen.

Die Verwendung der chinesischen Tusche ist sehr zurückgegangen und kommt nur noch für besonders feine Ausführungen in Frage, seit es flüssige Ausziehtusche fertig in Flaschen gibt. Die meisten dieser Tuschen stehen gut und sind schwarz oder farbig zu haben. Die schön tiefschwarze, ein wenig dickflüssige Perltusche und die „Pelikan"-Ausziehtuschen von Günther Wagner, Hannover, und die Nankingtusche von H. Schminke & Co., Düsseldorf, sind als unverwaschbare, haltbare und gut deckende Tuschen hervorzuheben, ebenso die Ausziehtusche der Firma Schleicher & Schüll in Düren.

Wohl zu beachten ist, daß flüssiger stark eingetrockneter Tusche niemals Wasser zugesetzt werden darf, wenn sie unverwaschbar bleiben soll.

Die Tuschenflasche ist nach Entnahme der Tusche sofort wieder zu schließen. Dadurch wird das Eintrocknen und auch ärgerlicher Schaden verhindert, falls bei der Arbeit die Flasche umgestoßen wird, was bei Anfängern leicht vorkommt. Aufstellung der Flaschen in kleinen, eigens dazu hergestellten Blechkästen ist zu empfehlen.

19. Behälter für eingeriebene Tusche.

Die eingeriebene Tusche trocknet sehr schnell ein, da das Wasser an der Luft verdunstet. Da eingetrocknete Tusche nicht wieder benutzt werden kann und das häufige Einreiben zeitraubend ist, ist es zweckmäßig, sie in Gefäßen aufzubewahren, die eine Berührung mit der Luft möglichst verhindern.

Am einfachsten, wenn auch nicht am erfolgreichsten, erreicht man dies, indem man den Deckel des Tuschnapfsatzes (s. Nr. 24) oder eine Glasscheibe auf den betreffenden Farbennapf setzt. Sehr zweckmäßig zum Aufbewahren eingeriebener Tusche sind die Gisaltuschnäpfe, die sich auch sonst durch Vorzüge auszeichnen.

Außerdem sind folgende Vorrichtungen zu empfehlen: Zwei Tuschnäpfe von Glas genau aufeinander passend abgeschliffen, so daß sie dicht schließen und oft nur durch seitliches Abschieben getrennt werden können.

Einen recht guten Tuschnapfdeckel aus Porzellan bietet R. Reiß, Liebenwerda an. Dieser hat im Innern einen Schwamm, der stets angefeuchtet zu halten ist und hierdurch das Eintrocknen eingeriebener Tusche verhütet. Gleichzeitig ist die Vorrichtung auch zum Füllen der Ziehfedern zu benutzen. Man streicht mit der Kante der beiden Zungen ein- oder zweimal flach und mit mäßigem Druck über den Schwamm und hält dann die Spitze der Feder dicht an die Tusche, worauf letztere leicht zwischen den Zungen emporsteigt. Auch das Reinigen der Ziehfedern erleichtert der feuchte Schwamm. (Ähnliche Geräte vgl. Nr. 24.)

20. Die Tuschheber.

Gewöhnlich wird die eingeriebene oder flüssige Tusche mit einer Schreib- oder Zeichenfeder zwischen die Zungen der Ziehfeder gebracht. Das ist nicht sehr zu empfehlen, da die Ziehfeder dabei leicht leidet. Am einfachsten füllt man die Feder mit einem schmalen Streifen aus starkem Papier. Eine

bequeme und gute Vorrichtung ist Günther Wagners Ausziehtuschen beigegeben. Durch den Korken geht ein bis auf den
Boden des Fläschchens reichender Glasstab oder Federkiel, oben
mit einem Griff versehen. Man hebt diesen Tuschheber an dem
Griff mit dem Korken heraus und läßt die unten hängende Tusche
in die Ziehfeder tropfen. Auch der Tuschfüller von Martz, Stuttgart, ein Gummistöpsel mit Neusilberzunge, ist empfehlenswert.
Außerdem sind die verschiedensten Tuschheber konstruiert worden, die alle etwas umständlich zu handhaben sind. Zu erwähnen
ist Soenneckens Tuschnapf mit selbsttätigem Tuschheber.

21. Die Zeichenfedern.

Die Zeichenfeder darf nicht kratzen, sondern muß
sanft über das Papier gleiten und beim Ansetzen sofort angeben.

Für feine Ausführungen werden die feinen Zeichenfedern auf
dünnem, mit der Feder verbundenem Stiel (Hülsenfedern) und die
verschiedensten Sorten ohne Stiel zu sehr verschiedenen Preisen
gebraucht.

Für Ausführung von Einzelzeichnungen eignen sich gute
Schreibfedern, Kugelspitzfedern (F und EF) und geschnittene
Rabenfedern, die im Handel zu haben sind. In dem Lehrbuch von
E. W. O. Schmidt für die „zeichnerische Ausführung der Bauzeichnungen“ werden daneben noch angeführt die Gänsefedern,
die Federn aus gutem Mauerrohr und als beste Zeichenfedern für
diesen Zweck die beiden längsten Schwungfedern der Wald-
schnepfe, die allerdings sehr schwer zu erhalten sind.

Zeichenfedern aus Glas sind besonders für das Zeichnen von
Höhenkurven und ähnliche Arbeiten, die eine Stetigkeit des
Striches erfordern, wohl zu verwenden. Es sind entweder Glas-
röhren mit einer feinen Öffnung unten, die, einmal mit Tusche
gefüllt, stundenlang aushalten und einen Strich von außerordent-
licher Gleichmäßigkeit liefern, oder Stiele mit einer Spitze, die
flammenartig ausgebildet und mit Längsrillen versehen ist, in
denen sich die Tusche nach dem Eintauchen hält und während des
Gebrauches zur Spitze herabsinkt.

Sorgfältige Reinigung der Zeichenfedern und so-
fortiger Ersatz auch bei nur geringen Fehlern ist
unerläßlich.

Gute Zeichenfedern werden geliefert von Soennecken,
Heintze & Blankertz und Sommerville & Co.

22. Die Farben.

Für das technische Zeichnen kommen in erster Linie Wasserfarben in Betracht. Die Farben müssen neben Reinheit, Leuchtkraft und Lichtbeständigkeit folgende Eigenschaften haben: Sie müssen sich beim Einreiben äußerst fein zerteilen, dürfen nicht „stücken" und sich nicht stark setzen, wenn sie aufgelöst sind.

Wasserfarben werden gewöhnlich in vier Formen geboten, feucht in Tuben mit Schraubenverschluß oder halbfeucht in viereckigen Näpfchen, trocken in viereckigen oder runden Stücken. Welche dieser Formen man benutzt, mag der praktischen Erfahrung des einzelnen anheimgegeben sein. Die Farben in Näpfchen, und zwar halben, seien empfohlen. Es arbeitet sich damit sehr bequem, die Farben werden in halben Näpfen nicht so alt im Kasten wie größere Stücke, und bei gleicher Kastengröße lassen sich mehr verschiedene Farben unterbringen. Manche Tubenfarben werden nach einiger Zeit hart.

Für farbige Darstellung von Perspektiven oder Ansichten sind die Aquarellfarben von Dr. F. Schönfeld & Co., Düsseldorf, Günther Wagner, Hannover, Martz, Stuttgart, Bormann, Berlin, Schminke & Co., Düsseldorf zu empfehlen.

Für alle übrigen Darstellungen, bei denen ein fleckenloses Anlegen von Flächen die Hauptsache ist, sind neben den genannten Farben die Generalstabskartenfarben nach Vorschrift der preußischen Landesaufnahme und die Katasterkartenfarben nach Vorschrift vom 20. Dezember 1879 zu verwenden. Besonders mit den letzteren lassen sich vorzüglich angelegte Flächen erzielen.

Für die erste Anschaffung dürften dem technischen Zeichner folgende zwölf Farben genügen: Neutraltinte, Beinschwarz, Preußisch Blau, Kobaltblau, Umbra, Sepia (natürlich), gebr. Siena, Indischrot, Zinnober, Karmin (nur in bester Beschaffenheit zu wählen), Gummigutti, heller Ocker.

In zweiter Linie sind zu nennen: Indigo, Ultramarin, van-Dyk-Braun, Chromgelb, Indischgelb, Goldocker, Saturnrot (sehr schön leuchtend), ferner Magenta und die verschiedenen Grün und Braun der Katasterkartenfarben.

Wegen der Gifthaltigkeit ist bei den meisten Grün und Gelb und bei Neutraltinte Vorsicht geboten.

Farben, die auf der Unterseite als imitiert bezeichnet sind (z. B. Kadmium imitiert, Kobalt imitiert), kaufe man nicht, obschon sie billiger sind.

Weiß ist nur selten und mit Vorsicht für besondere Zwecke (Landschaft, Ornament, Architekturskizze) zu verwenden. Dennoch findet man es überflüssigerweise oft in den fertig zusammengestellten Farbenkästen. Zumal bei sehr beschränkter Farbenzahl nehme man dafür lieber eine andere Farbe und halte sich für besondere Verwendung eine Tube Weiß außerhalb des Tuschkastens.

Für das Bauzeichnen wie für das Planzeichnen gibt es auch besondere Zusammenstellungen von Farbtönen, die gleich nach dem durch die Farbe anzudeutenden Baustoff oder nach der Bodenart benannt sind.

Für die bessere Erhaltung der trockenen Farben ist es zweckmäßig, sie in Stanniol gewickelt aufzubewahren, um ein Bröckeln zu verhindern.

An dieser Stelle sind ferner die flüssigen Ausziehtuschen zu nennen. Sie sind in allen möglichen Farben und auch für bestimmte Bezeichnungen, wie Holz, Messing, Stahl, Gartengrün usw., vorhanden. Eine gute farbige Ausziehtusche soll unverwaschbar, dünnflüssig und haltbar sein und das Anlegen auch in Verdünnungen mit Wasser gut ermöglichen. Diesen Ansprüchen genügen vollkommen die Erzeugnisse der in Nr. 18 genannten Firmen.

23. Die Farbenkästen.

Zur Aufbewahrung der Farben sind Kästen aus lackiertem Blech, außen schwarz, innen weiß, Deckel als Palette eingerichtet, wegen ihrer Sauberkeit und Handlichkeit bestens zu empfehlen. Sie sind mit umlegbaren Griffen ausgestattet, so daß man sie wie Paletten halten kann, und nach Bedarf mit 6—24 Abteilungen versehen für Farben in Tuben, Näpfchen oder Stücken. Für farbige Studien nach der Natur sind sie sehr praktisch, da sie bequem in der Tasche zu tragen sind.

24. Die Tuschnäpfe.

Der Tuschnapf muß im Innern frei von Unebenheiten sein und sich leicht reinigen lassen.

Zum Einreiben chinesischer Tusche sind Näpfe mit schräger Ebene zum Reiben und besonderer Vertiefung darunter zur Aufnahme der Tusche recht zweckmäßig. Man spart damit Tusche und Zeit. Auch gläserne Näpfe, innen matt geschliffen zum leichteren Einreiben der Tusche, sind zu empfehlen.

Außer einem Behälter für chinesische Tusche braucht der Zeichner einen Satz von Einsatztuschnäpfen, ungefähr 6—8 Stück mit Deckel und zwei recht tiefe, große Näpfe für das Anlegen großer Flächen. Gut ist es, für eine Farbe stets denselben Napf zu benutzen, für Preußisch Blau sicher, da diese Farbe sehr hartnäckig am Porzellan, selbst bei sauberster Spülung, haftet und sich später beim Gebrauch des Napfes für andere Farben unangenehm vordrängt. Zum Aquarellieren sind Tuschplatten mit schrägen Vertiefungen recht brauchbar.

Sämtliche Tuschnäpfe müssen gleich nach jedem Gebrauch sauber ausgewaschen werden.

25. Die Tuschgläser.

Bei Anschaffung der Tuschgläser ist darauf zu achten, daß sie mit zwei kleinen Nasen versehen sind, die zum Gießen und als Pinsellager, sowie zur Vermeidung von Spritzern beim Abstreichen der Pinsel zweckmäßig sind. Der Boden der Gläser soll nicht nach oben gewölbt sein, da sich sonst die Farbe leicht einsetzt und schwer zu beseitigen ist. Zu kleine Gläser (unter 6 cm Durchmesser) sind unzweckmäßig.

Sehr praktisch ist ein dreiteiliges rundes Wasserglas (bei Martz, Stuttgart und Reiß, Liebenwerda). Es ersetzt mit seinen drei Abteilungen drei Wassergläser. Der Rand ist gezackt, so daß sich die Pinsel nach jeder Richtung gut auflegen lassen.

26. Die Pinsel.

Der Pinsel darf nicht haaren und muß gut schließen, d. h. in Wasser getaucht und dann ausgeschwenkt müssen sich die Haare gleichmäßig zu einer Spitze vereinigen, ohne daß an irgendeiner Stelle einzelne hervorstehen. Von letzterer Eigenschaft überzeuge man sich stets beim Einkauf, denn ein schlecht schließender Pinsel ist unbrauchbar.

Man unterscheidet Aquarellpinsel und Verwaschpinsel. Erstere haben schlankes Haar zum Aquarellieren und Anlegen ganz kleiner Flächen, letztere haben starkes gedrungenes Haar in runder oder flacher, sogenannter englischer Form. Diese können für das Anlegen großer Flächen viel Wasser oder Farbe aufnehmen.

Die Pinsel sind entweder in Blechzwingen, sehr feine Sorten in Silberzwingen, mit polierten Holzstielen, oft Zedernholz, oder in

Schwan- oder Pelikanfederkielen mit Seiden- oder Silber- und Goldbunden gefaßt.

Für gewöhnlich genügen die meistens aus Fischotterhaar gefertigten Pinsel. Für Deckfarben werden Pinsel aus Marderhaar vorgezogen, die aber sehr teuer sind. Zum Verwaschen bedient man sich starker Pinsel aus Biberhaar.

Notwendig ist ein doppelseitiger Pinsel mittelmäßiger Stärke für das gewöhnliche Tuschen, ein recht starker doppelseitiger Pinsel zum Anlegen größerer Flächen und ein Verwaschpinsel.

Man hüte sich, den Pinsel längere Zeit im Wasserglase stehenzulassen oder ihn beim Wegpacken, solange er noch naß ist, mit anderen Gegenständen in Berührung zu bringen. Der Pinsel nimmt dabei leicht eine gekrümmte Form an, die beim Tuschen hinderlich ist und die er eine Zeitlang beibehält. Alle Pinsel müssen sorgfältig abgespült werden, bis der letzte Rest von Farbe entfernt ist. Namentlich Preußisch Blau bleibt sehr hartnäckig haften.

27. Das Fließpapier.

Das Fließpapier darf nicht zu dünn sein und kein festes Gefüge besitzen, wenn es das Wasser gut aufnehmen soll. Die Oberfläche muß glatt sein, da sich sonst kleine Teilchen beim Aufdrücken ablösen und auf der getuschten Fläche haftenbleiben.

Fließpapier, das beim Einreißen Widerstand entgegensetzt und dabei einen knitternden Ton hören läßt, ist zu verwerfen. Das Fließpapier muß stets in Menge vorhanden sein und darf nicht gespart werden.

28. Der Schwamm.

Den Schwamm braucht der Zeichner zum Reinigen der Zeichnungen und zum Ausbessern von Tuschflächen, die beim Anlegen mißraten sind. Man wähle eine recht gute, sehr weiche und feine Sorte und untersuche den Schwamm besonders darauf, ob sich nicht harte Bestandteile, kleine Steine oder Muscheln, darin befinden. Die Eiform ist recht zweckmäßig, weil man dann für kleinere Flächen eine brauchbare Spitze zur Verfügung hat. Die griechischen Schwämme sind zu empfehlen, besonders die „Champignon" genannten.

29. Zeichenkreide und Zeichenkohle.

Kreide und Kohle kommen für den technischen Zeichner nur bei Anfertigung von Zeichnungen in größerem Maßstabe in Betracht. Beide Stoffe müssen ein gleichmäßiges Korn haben und dürfen nicht kratzen. Sie sind in verschiedenen Härten und verschiedenen Größen in den Zeichenmittelhandlungen vorrätig.

Zeichenkreide gibt es in Schwarz, Weiß und Rot, ohne Fassung in drei, mit Holzfassung in vier Härten. Ferner hat man schwarze Glanzkreide und Estompierkreide in Stanniolpapier.

Zeichenkohle wird fast nur aus Lindenholz in verschiedenen Längen und Stärken verwendet. Sie darf nicht zu zerbrechlich sein.

An dieser Stelle ist auch Hardtmuths Negrostift zu erwähnen, in Zedernholz, rund, schwarz poliert, in fünf Härten. Er hat glanzlosen Aufstrich, gibt große Tiefen an und steht zwischen Kreide und Bleistift.

30. Die Farbstifte.

Gute farbige Stifte sollen mühelos mit leichtem, weichem Strich angeben, dennoch müssen die Einlagen so fest sein, daß sie nicht bei jedem geringsten Druck abbrechen.

Solche Farbstifte eignen sich vorzüglich um Zeichnungen, die nur einen vorübergehenden Wert haben, schnell farbig anzulegen und geben denselben trotz der schnellen Ausführung ein gutes Aussehen. Sie sind gleich gut auf Zeichen-, Pauspapier und Pausleinwand anzuwenden. Besondere Bemerkungen oder Abänderungen auf Zeichnungen kann man in Farbstiften auffällig angeben.

Die Stifte werden in 60 verschiedenen Tönen hergestellt. Sie sind vielfach gleich in den für einzelne Zwecke erforderlichen Zusammenstellungen als Packungen für Bautechniker oder Maschinentechniker, als Krokierstifte und Kataster- oder Planfarbenstifte zu haben.

A. W. Fabers „Castell" Polychromosfarbstifte sind in den Farbtönen und Bezeichnungen mit den gebräuchlichen Wasserfarben in Übereinstimmung gebracht.

Mit den in Joh. Fabers Krokieretui enthaltenen zwölf Farbstiften kommt man in den meisten Fällen aus.

Außer den Stiften von Faber sind die von Großberger & Kurz, Sußner, Bormann zu nennen.

31. Die Wischer.

Zur gleichmäßigen Verteilung und zur Abschattierung der Kreidefarben werden Wischer (auch Estompen genannt) aus grauem oder farbigem Papier, gelbem Leder oder Kork gebraucht. Für farbige Kreidezeichnungen sind die Korkwischer vorzuziehen, da man leicht mit einem Messer die schon für eine Farbe benutzte Stelle der Spitze abschneiden kann und so die Farben stets rein erhält. Im allgemeinen sind die Leder- und Papierwischer schmiegsamer als die von Kork, nutzen sich aber schneller ab.

Die Lederwischer können durch Bimsstein gereinigt werden.

Neben diesen Wischern größerer Form sind auch kleinere sogenannte Tortillons gebräuchlich.

32. Die Fixative.

Zeichnungen in Blei, Kohle oder Kreide können durch Anwendung von Fixativen vor dem Verwischen geschützt und auf diese Weise längere Zeit erhalten werden. Fixative bestehen meist aus Schellack in Alkohol gelöst. Zu den besten Mitteln dieser Art gehört reiner Lack in bester Qualität.

Als vorzügliches, lange erprobtes Mittel wird auch das Überziehen von Blei- oder Kreidezeichnungen mit farbloser Rindergalle (von Wichmann, Berlin) empfohlen. Die Linien verwischen sich dann nicht mehr und lassen sich mit Farben, denen ebenfalls Rindergalle zugesetzt wird, sehr gut übertuschen.

Von Herrn Ingenieur Tiedemann in Dörverden (Hannover) wird folgende Beschreibung für Zubereitung farbloser Rindergalle angegeben: Man koche 1 l frischer Rindergalle auf, schäume sie ab und löse in ihr, während sie noch heiß ist, 33 g gepulverten Alaun auf. Eine gleiche Menge Rindergalle behandle man in derselben Weise mit 33 g Kochsalz und bewahre nun beide Mischungen in lose verkorkten Flaschen an einem kühlen Orte auf. Sobald die Lösungen (in etwa drei Monaten) einen dicken Niederschlag abgesetzt haben, gieße man aus beiden Flaschen das Klare ab und vermische nun die beiden so erhaltenen Flüssigkeiten. Es bildet sich sofort ein Niederschlag, der die färbenden Bestandteile enthält, so daß die durch Filtrierpapier gegossene Flüssigkeit dann klar und farblos wie Wasser ist. Die hier beschriebene Rindergalle hält sich viele Jahre und verliert in gut verkorkten kleinen Gläsern nicht leicht ihre Brauchbarkeit.

Zur Verbreitung des Fixativs über die Zeichnung bedient man sich der Zerstäubungsapparate, die im Handel unter dem Namen „Fixateure" aus Glas oder Metall zu haben sind. Gläserne Fixateure sind nicht zu empfehlen, da die Spitze der Düse sehr leicht abbricht.

Ein sehr sicheres Mittel, das zwar an Sauberkeit zu wünschen übrigläßt, ist das Übergießen der Zeichnung mit magerer Milch. Von vielen wird auch geraten, die Zeichnung mit schwarzem Kaffee zu tränken, wodurch sie allerdings einen leichten bräunlichen, aber völlig gleichmäßigen Ton erhält, oder sie der Wirkung von Wasserdämpfen auszusetzen, die den im Papier befindlichen Leim erweichen und dadurch ein Festhalten der Farbe bewirken. Auch kräftiges Zuckerwasser ist als behelfsmäßiges Bleistiftfixativ brauchbar.

Bei Tonpapieren überzeuge man sich vor dem Fixieren, ob das Fixativ nicht etwa Flecke auf dem Papier zurückläßt.

33. Der Papierschneider.

Neben einem guten, scharfen Messer, das aber an einem eisernen Lineal, nicht an der Reißschiene geführt werden muß, ist ein kleiner hobelartiger Apparat sehr zu empfehlen. Dieser kann an der Schiene geführt werden, ohne sie zu beschädigen. Er enthält ein Messer, das, der Zeichenbogenstärke entsprechend, so gestellt werden kann, daß das Zeichenbrett selber beim Schneiden nicht verletzt wird. Zu beziehen von R. Reiß, Liebenwerda, Gebr. Wichmann, Berlin.

II. Besondere Hilfsmittel.

Einleitung.

Die im ersten Abschnitt besprochenen Zeichengeräte gehören zur allgemeinen Ausrüstung des technischen Zeichners. Außerdem gibt es jedoch noch allerlei nützliche Apparate, die für besondere Zwecke hergestellt sind und deren Benutzung Zeit und Mühe spart. Schnelligkeit der Ausführung, Deutlichkeit und Schönheit des Dargestellten hängen von der richtigen Auswahl solcher besonderen Hilfsmittel ab.

34. Die Zeichentische.

Ein brauchbarer Zeichentisch muß folgenden Ansprüchen genügen. Das Gestell muß standsicher und dabei nicht zu schwer sein, dem Zeichenbrett eine sichere Unterlage bieten und eine Vorrichtung zum Verstellen der Zeichenplatte besitzen. Letztere muß so beschaffen sein, daß in verschiedenen Höhenlagen ein Wagerecht- wie Schrägstellen innerhalb gewisser Grenzen bequem vorgenommen werden und das Zeichnen sitzend und stehend nach Belieben geschehen kann. Ferner ist es zweckmäßig, wenn eine Einrichtung vorgesehen ist, die auch bei geneigter Stellung des Tisches das Aufstellen oder Anhängen einer Lampe und das Hinlegen der Bleistifte ermöglicht, so daß ein Hinabgleiten vom Brett mit Sicherheit verhindert wird.

An Zeichentischen verschiedener Arten ist kein Mangel und in den einzelnen Handlungen eine große Auswahl vorhanden, von den einfachsten Gestellen an, die nur eine Veränderung der Höhenlage des Brettes nach Art der verstellbaren Turnbarren gestatten, bis zu den schwierigsten Vorrichtungen, die jede denkbare Einstellung erlauben. Man hat Zeichentische mit Lampen an ausziehbaren Armen, mit verschiedenen beweglichen Platten für die Zeichenmittel, mit ausgeglichenen hängenden Reißschienen, die in beliebiger Stellung stehenbleiben (besonders sind die mit Schnurenparallelogramm zu empfehlen), in verschiedenster Ausstattung, vom einfachsten Nützlichkeitsgrundsatz ausgehend und bis zur höchsten Vollkommenheit steigend.

Bei näherer Betrachtung dieser Konstruktionen sind zunächst die zerlegbaren Zeichengestelle aus Eichenholz zu nennen. Sie sind entweder als Tischgestell auf jeden Zimmertisch aufzusetzen oder bilden einen vollständigen Zeichentisch. Das Brett ist in beliebiger Neigung und Höhe verstellbar. Durch Flügelschrauben werden die einzelnen Holme festgestellt. Ein derartiger Zeichentisch läßt sich flach zusammenlegen und sehr bequem transportieren. Er ist als Zimmergerät in Räumen, die nicht ausschließlich dem Zeichnen dienen, zu empfehlen.

Weitergehenden Ansprüchen dienen die festen Zeichentische in Holz- und Eisenkonstruktion. Hier sind zwei Systeme zu unterscheiden. Bei dem einen, besonders vertreten durch den Zeichentisch „Perfekt" (Reiß, Liebenwerda, Wichmann, Berlin), wird die Einstellung des Brettes nach der Höhe erreicht durch Zahnstange mit Kurbel und Feststellhebel, senkrechte oder wagerechte Einstellung erfolgt in einem Führungsbogen mit Feststellung durch Flügelschraube.

Bei den Zeichentischen des anderen Systems, z. B. „Martello“
von A. Martz, Stuttgart, „Gleichlauf“ von R. Reiß, Liebenwerda, ist das Zeichenbrett durch Gegengewicht ausbalanziert
und kann leicht auf- und abgeschwungen und beliebig festgestellt
werden. Die Reißschiene hat eine Ablegeleiste für Zeichengeräte.

Neben den genannten gibt es noch eine große Zahl im Gebrauch
bewährter Zeichentische, wie „Unerreicht“ von F. Weiland,
Liebenwerda und die Fabrikate von E. Heckendorf, Berlin.

Von größeren Vorrichtungen, die aber wegen ihrer hohen
Preise wohl nur in Architekturateliers oder Maschinenfabriken
Verwendung finden, sind die „Zeichentische mit schräg aufgehängter, verschiebbarer Tafel“ des Grusonwerkes, Magdeburg-
Buckau zu nennen. Sie zeichnen sich aus durch Standsicherheit bei
gefälliger Form, leichte Beweglichkeit des Reißbrettes, zuverlässige Parallelführung der Reißschiene. Ferner sei hingewiesen
auf die Zeichenapparate von Reiß, Liebenwerda zur Aufhängung zweier voneinander unabhängiger Reißbretter. A. Martz,
Stuttgart bringt in dem „Doppelmartello“ einen Zeichentisch
für Reißbretter von $1{,}70 \times 4{,}20$ m zur Herstellung großer Entwürfe für Wagen- und Flugzeugbau.

Für das Kopieren von Zeichnungen aller Art hat man Durchzeichentische. Unter einer holzgefaßten starken Glasscheibe
ist im Winkel ein Spiegelreflektor angebracht. Auch wenn das
Original nur in schwachen Linien auf mäßig durchscheinendem
Papier gezeichnet ist, lassen sich auf solchem Tisch bequem
Pausen herstellen.

35. Besondere Zirkel.

a) Der Halbierungs- und Reduktionszirkel.

Denkt man sich jeden Schenkel eines einfachen Handzirkels
über den Kopf hinaus um ein bestimmtes Maß verlängert, so hat
man das Bild eines Reduktionszirkels. Dieser besitzt also vier
Schenkel, von denen aber je zwei stets in einer geraden Linie
liegen. Eine mit dem großen Schenkelpaar abgegriffene Entfernung erhält man zwischen den kleinen Schenkeln im Verhältnis der beiden Schenkellängen reduziert.

Der Halbierungszirkel ist nur ein besonderer Fall des
Reduktionszirkels. Er ist praktisch zu verwerten, wenn ein
häufiges Halbieren gegebener Längen notwendig ist oder eine

Zeichnung auf einen doppelten oder halb so großen Maßstab
gebracht werden soll.

Der Reduktionszirkel kann aber in noch umfassenderer
Weise benutzt werden, wenn er mit einer Stellvorrichtung versehen
ist, die eine Skala enthält. Hierdurch kann das Verhältnis der
Schenkellängen so eingestellt werden, daß das Maß zwischen den
Spitzen des oberen Schenkelpaares ein auf der Skala angegebener
Bruchteil oder ein Vielfaches des vom unteren abgegriffenen ist.
Der Zirkel ist teuer und wird sofort unbrauchbar, wenn eine Spitze
abgebrochen ist. Auch die Reparatur stößt auf große Schwierig-
keit, da durch das Anschleifen die Längen der Schenkel geändert
werden und so die alte Skala nicht mehr gilt. Jedoch erleichtert
der Reduktionszirkel das Verkleinern oder Vergrößern von Zeichnungen erheblich (Abb. 2).

Einen verbesserten Reduktionszirkel führen
E. O. Richter & Co. in Chemnitz. Die Schenkel mit den

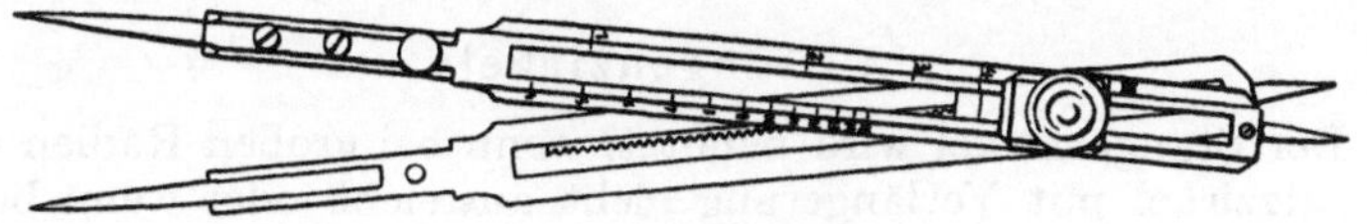

Abb. 2. Reduktionszirkel.

Teilungsskalen (auf der einen Seite für Kreise, auf der anderen
Seite für Linien) dieses Reduktionszirkels sind bei den Teilstrichen
derartig durchlocht, daß, wenn man den ebenfalls mit einem
Loche versehenen Schieber mit seiner abgeschrägten Kante auf
die gewünschte Teilung einstellt, das Loch des Schiebers mit dem
der Teilung entsprechenden Loche des Schenkels übereinstimmt.
Durch Einstecken eines Stellstiftes werden dann Schieber und Zirkelschenkel verbunden und hierauf die Schieberschraube fest angezogen, so ist die Teilung genau und unverrückbar festgestellt. Diese
Einrichtung macht Mikrometerschraube und Getriebe entbehrlich
und erlaubt eine schnellere und dabei verläßliche Einstellung.

Eine ähnliche Vorrichtung sichert bei einem ebenfalls von
Richter gelieferten Halbierungszirkel die Einstellung von 4 und
2, 6 und 3, 10 und 5, 20 und 10 mm.

Der Übelstand, daß beim Abbrechen einer Spitze der Reduktionszirkel unbrauchbar wird, ist durch eine Konstruktion desselben mit rechtwinklig abstehenden Spitzen behoben. Allerdings
ist dieser Zirkel in der Handhabung etwas unbequemer.

Sehr einfach ist ein Abgreifzirkel zum Übertragen und
Umzeichnen in einen anderen Maßstab, den Schleicher

& Schüll, Düren und Reiß Liebenwerda führen. Original- und Reduktionsmaßstab werden parallel nebeneinander in ein Lineal geschoben, das an einem Ende rechtwinklig eine Zirkelspitze trägt. Ein Schieber, gleichfalls mit Zirkelspitze versehen, gleitet auf dem Lineal und trägt einen Faden, der die zwischen den Zirkelspitzen abgegriffene Entfernung auf beiden Maßstäben angibt. Die Maßstäbe sind auswechselbar und in den gebräuchlichen Verhältnissen von 1:1 bis 1:5000 vorrätig.

Zu erwähnen ist noch der **Differential- und Reduktionszirkel**, Patent Weidenmüller. Er eignet sich vorzüglich für Eintragungen, Flächenberechnungen, Übertragungen und Reduktionen unter gleichzeitiger Berücksichtigung der Differenzen insbesondere des Kartenschwundes zur Übertragung von Horizontalkurven aus Meßtischblättern in Spezialpläne usw. Zur Einstellung dieses Zirkels ist eine besondere Tabelle für die verschiedenen Maße angefertigt.

b) Stangenzirkel.

Der Stangenzirkel wird benutzt, wenn bei großen Radien der Einsatzzirkel mit Verlängerung nicht ausreicht oder wenn beim Auftragen langer Strecken durch die weite Zirkelöffnung die Zirkelspitzen sehr flach zur Zeichenebene geneigt würden, wodurch leicht Ungenauigkeiten entstehen.

Der **einfache Stangenzirkel** besteht aus einer 1 m langen Holzstange von rechteckigem Querschnitt mit Millimeterteilung. Auf der Stange laufen zwei Schieber, die durch Klemmvorrichtung festzustellen sind. Der eine trägt eine feste Spitze, die als Mittelpunkt dient, der andere ist mit Blei- oder Ziehfedereinsatz versehen und beschreibt den Kreis. Bei feinen Apparaten ist an der Messinghülse des Schiebers mit Zeichenstift noch eine Mikrometerschraube zur genauen Einstellung des Radius angebracht.

Es finden sich auch Instrumente, die auf kleinen Rollen laufen und dadurch den störenden Einfluß des Gewichtes der Stange vermindern.

Besser als Holzstangen sind Stangen aus Metallröhren. Solche Stangenzirkel aus runden oder kantigen Metallröhren sind bequemer zu transportieren, da die Stangen sich in einzelne Stücke zerlegen lassen, und arbeiten genauer bei längerem Gebrauch als Holzstangen, die leichter beschädigt werden, sich durchbiegen oder verziehen. Allerdings ist der Preis im Gegensatz zu Holzstangen recht hoch.

Sehr zweckmäßig ist der Präzisionsstangenzirkel von Richter in Chemnitz konstruiert. Die Stange ist mit Teilung versehen. In den Halter für den Bleistift bzw. die Ziehfeder können alle Arten von Ziehfedern und Bleistifte beliebiger Stärke eingeklemmt werden. Die Schieber sind mit leichtem Druck an der Stange entlang an die gewünschte Stelle zu führen und werden hier bei Aufhören des Druckes durch eine Feder festgehalten ohne besondere Stellschrauben, Mikrometerschrauben oder dergleichen.

Im Notfall kann auch ein langer Streifen aus festem Kartonpapier als Ersatz für einen Stangenzirkel dienen. Das eine Ende wird im Mittelpunkt mit einer Nadel festgesteckt, das andere erhält in einer Entfernung gleich der Radiuslänge von der Nadel einen Einschnitt, in dem der Bleistift geführt wird.

c) Der Dreispitzzirkel.

Der Dreispitzzirkel gehört genau genommen zu den Winkelmeßapparaten. Er hat drei Schenkel, die am Kopfe so miteinander verbunden sind, daß die drei Spitzen auf die drei Ecken eines jeden Dreiecks eingestellt werden können. Wenn die eine Spitze auf den Scheitel eines Winkels gestellt wird und die beiden anderen Spitzen auf einen beliebigen Punkt je eines Schenkels eingesetzt werden, so kann dieser Winkel durch Aufsetzen der drei Spitzen beliebig oft auf Zeichnungen in recht einfacher Weise übertragen werden.

d) Die Ellipsenzirkel.

Außer diesen gangbaren Zirkelarten sind noch vielfach Zirkel für andere als Kreiskurven konstruiert worden. Diese erfüllen wohl ihren Zweck recht gut, haben aber wegen der naturgemäß hohen Preise und weil man ihrer verhältnismäßig selten bedarf und deshalb meist die Kurven zeichnerisch konstruiert, eine ausgedehnte Verbreitung nicht gefunden.

Für das Zeichnen von Ellipsen sind viele Zirkel konstruiert. Es kommt für die technischen Zeichner nur die Gattung in Betracht, deren Konstruktion darauf beruht, daß jeder Punkt einer auf den Schenkeln eines rechten Winkels gleitenden Geraden eine Ellipse beschreibt (Abb. 3). Die Gerade ist dabei nach Art eines Stangenzirkels eingerichtet (Gebr. Wichmann, Berlin).

Behelfsmäßig leistet ein Papierstreifen dieselben Dienste. Die gegebene kleine und große Achse wird von einem Ende aus

auf dem Streifen abgetragen. Diese beiden Punkte läßt man auf
den Achsen wandern, dann beschreibt das Ende des Streifens,

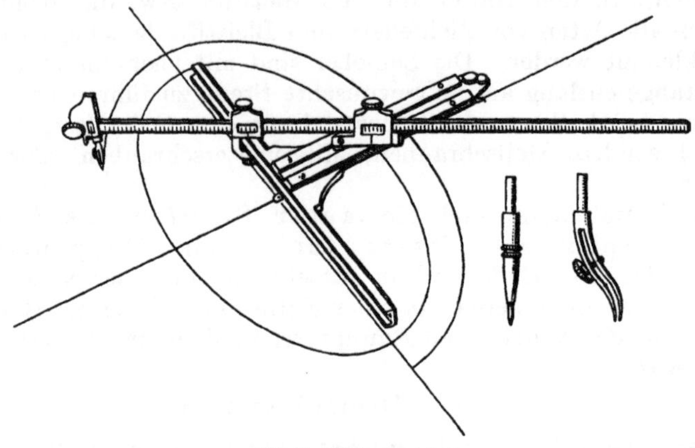

Abb. 3. Ellipsenzirkel.

von dem aus die Achsen abgetragen waren, die gesuchte Ellipse,
die man punktweise festlegen kann.

Für das Zeichnen von Voluten wurde von A. Hartung ein
Volutenzirkel konstruiert, beschrieben im Zentralbl. d. Bau-
verwaltung, Jahrg. 1887, S. 343f.   Es sind damit beliebige
Spiralen jeder Form zu beschreiben.   Die Anwendung auf Archi-
tektur- und Ornamentzeichnen ist klar.

36. Besondere Ziehfedern.

a) Die Punktierziehfedern.

Das saubere und gleichmäßige Punktieren oder Stricheln von
Linien mit der gewöhnlichen Ziehfeder ist eine zeitraubende mühsame Arbeit.   Es empfiehlt sich dringend bei öfterem Vorkommen
solcher Linien, z. B. bei graphostatischen Zeichnungen, die Kosten
einer besonderen Vorrichtung hierfür nicht zu scheuen.

Das sogenannte Punktierrädchen, eigentlich ein Druck-
apparat, besteht aus einer Hülse, in deren unterem Schlitz ein
Rädchen, ähnlich dem eines Sporns, um seine Achse drehbar angebracht ist. Die Hülse wird mit Tusche gefüllt, am Griffe gehalten
und das Rädchen auf das Papier gesetzt. Die Zacken des Rädchens kommen bei Fortbewegung mit der Tusche in Berührung
und drucken bei weiterer Drehung einzelne Punkte in regelmäßiger

Entfernung auf das Papier. Das richtige An- und Absetzen macht Schwierigkeiten, die dadurch zu beseitigen sind, daß an den Anfang und das Ende der zu punktierenden Linie Papierstücke gelegt werden, über die ruhig hinübergezogen werden kann. Die Linie wird dann stets scharf abgegrenzt erscheinen.

An Sauberkeit wird diese Vorrichtung unzweifelhaft durch die Punktierziehfedern übertroffen. Bei diesen wird die zu punktierende Linie in der Tat von einer Ziehfeder gezogen, welche durch eine Feder in Verbindung mit einem Zackenrädchen ruckweise gehoben und gesenkt wird.

Viel im Gebrauch ist eine auf dem angegebenen Prinzip beruhende, recht praktische Punktierziehfeder von Richter in Chemnitz, die patentiert ist und der verschiedene Räder für punktierte, strichpunktierte usw. Linien beigegeben sind.

Um große Kreise punktiert zu zeichnen, wird in Verbindung mit dem Stangenzirkel die Kreispunktierfeder benutzt.

b) Die Parallelziehfedern.

Die Parallel- oder Wegeziehfeder leistet bei Anfertigung von Lageplänen gute Dienste. Sie besteht aus zwei Ziehfedern an einem Stiel, denen durch eine Schraube ein veränderlicher Abstand gegeben werden kann. Sie ist also vorzugsweise von Nutzen beim Ausziehen von Wegen, die bei Anwendung dieser Parallelziehfeder ein sehr sauberes gleichmäßiges Aussehen erhalten und in der halben Zeit herzustellen sind.

Um in Kurven liegende Wege sauber zu zeichnen, sind auch Parallelziehfedern vorhanden, deren Ziehfederpaar um eine Achse drehbar ist, sogenannte Doppelkurvenfedern.

Reiß in Liebenwerda führt eine Wegeziehfeder, die in Verbindung mit einer Punktierfeder eine volle und eine punktierte Linie mit beliebigen Zwischenräumen zeichnet. Diese ist hauptsächlich für Forstbeamte zur Bezeichnung der Holzabführungen und Feldwege bestimmt. Mit Hilfe einer beigegebenen Einsatzvorrichtung ist jede der beiden Federn auch für sich allein zu benutzen.

c) Die Kurvenziehfedern.

Zum Ausziehen von Kurven am Kurvenlineal empfiehlt sich eine Ziehfeder, die im Stiel um ihre Achse drehbar und unten mit einer Anlegevorrichtung versehen ist. Letztere zwingt die Ziehfeder sich in jedem Punkt der Kurve tangential zu stellen. Die Kurven gewinnen hierdurch ungemein.

Von **Eduard Sprenger** in Berlin ist eine drehbare Ziehfeder mit gebogenen Backen gefertigt worden. Sie dient zum freihändigen Ausziehen der Kurven, namentlich von Höhenkurven und folgt der leisesten Drehung der Hand. Durch Anziehen einer Schraube wird die Beweglichkeit genommen und die Feder ist sodann als einfache Ziehfeder zu verwenden.

d) Die Ziehfeder für breite Striche.

Für die Anfertigung von Zeichnungen in sehr großem Maßstabe, z. B. für Unterrichtszwecke oder Vorträge werden große Ziehfedern mit eigens dazu konstruierten breiten Zungen gefertigt. Mit diesen kann man nach vorheriger Füllung mit Tusche Striche bis zu 2 mm Stärke und bis zu 1 m Länge ohne Absetzen und nochmaliges Füllen ziehen, ohne daß eine Unsauberkeit des Striches durch Auslaufen oder Fallenlassen der Tusche entsteht. Solche Federn, etwas weniger breit, gibt es auch als doppelte Ziehfedern.

E. O. **Richter** in Chemnitz fertigt für starke Striche drei- und vierzüngige Reißfedern, deren letztere durch entsprechende Stellung der Zungen auch als Feder für Doppellinien brauchbar ist.

37. Die Stichmaße.

Um häufig vorkommende Maße nicht jedesmal mit dem Zirkel abgreifen zu müssen, ein zeitraubendes und zu Ungenauigkeiten führendes Verfahren, und für Anfertigung von Maßstäben usw. bedient man sich der Stichmaße, die für verschiedene geläufige Maße im Handel geführt werden.

In F. **Soenneckens** Verlag in Bonn ist eine Vorrichtung erschienen, die dem Zeichner von Grundrissen im Maßstabe 1 : 100 beim Abstechen der häufig wiederkehrenden Maße von Mauerstärken, Tür- und Fensteröffnungen Erleichterung verschaffen soll. Ein Bündel Stahlplättchen, um einen Stift drehbar, befindet sich in einem Messinggehäuse, aus welchem für den Gebrauch die Plättchen einzeln herausgedreht werden können. Jedes Plättchen hat am Ende zwei Spitzen, welche die Mauerstärken 25, 38 usw. cm enthalten bzw. drei Spitzen, welche die üblichen Fenster- und Türmaße und deren Mitten angeben.

Beim Gebrauch dient das Gehäuse als Griff und die einzelnen Maße können ohne mühsame Zirkeleinstellung stets mit derselben Genauigkeit schnell aufgedrückt werden.

Zweckmäßig sind Stichmaße in Form von viereckigen oder runden Stahlplatten, an deren Rändern die einzelnen Maße durch hervorstehende Zähne bezeichnet sind. Ein Loch in der Mitte der Platte erleichtert die Handhabung und über den Zähnen eingestempelte Zahlen das Auffinden der Maße. Es sind vorhanden: Stichmaß A mit den gebräuchlichen sieben Mauerstärken von 12 bis 90 cm im Maßstab 1 : 100, jedes aber in halbe Mauerstärken geteilt, dem Maßstab 1 : 100, und 13 Mauerschichten auf 1 m im Maßstab 1 : 100; A I enthält die vorkommenden Fenstermaße von 20—90 cm und deren Mitten im Maßstab 1 : 100; A II die Türmaße von 95—135 cm und deren Mitten im Maßstab 1 : 100; B die Maßstäbe 1 : 66,6, 1 : 50, 1 : 25, 1 : 20; C 13 Schichten auf 1 m in den Maßstäben 1 : 66,6, 1 : 50, 1 : 25, 1 : 20; E die Schornsteinkästenmaße 1. 14. 21, 2. 14. 21 cm usw. im Maßstabe 1 : 100.

Hierher gehören auch die Millimeterstecher mit Griff, die in verschiedener Güte im Handel geführt werden.

38. Der Schichtenteiler.

Zum Zeichnen von Entwürfen im Backsteinbau, also wesentlich für den Architekten, ist als zweckmäßiges Hilfsmittel der Schichtenteiler zu empfehlen, der zuerst von dem Mechaniker O. Ney in Berlin hergestellt worden ist.

An jedem Ende eines Stäbchens ist ein Zahnrädchen um eine Achse drehbar und herausnehmbar angebracht. Die Teilung des Umfanges des Rädchens ist derart, daß 10 bzw. 13 Zähne die Länge eines Zentimeters ausmachen. Fährt man mit dem Apparat an der Kante der Reißschiene entlang, so geben die dadurch auf der Zeichnung entstandenen Eindrücke der Zähne den Maßstab von 1 : 100 für die ganzen Meter bzw. die Einteilung von 13 Ziegelschichten auf 1 m.

Von E. O. Richter in Chemnitz, Reiß in Liebenwerda und Gebr. Wichmann, Berlin NW 6, Karlstraße 13, werden Schichtenteiler mit bis zu fünf Rädern geführt, unter denen sich auch die Teilung von 10 Verblendschichten auf 80 cm befindet. Die letztgenannte Firma liefert auch Schichtenteiler mit Abstecher für ganze und halbe Zentimeter.

Es gibt ferner Schichtenteilungen, die auf Papierstreifen von der Höhe des Reißbrettes in den üblichen Maßstäben aufgetragen sind. Sie werden am Rande des Brettes mit Reißnägeln befestigt, so daß man die Schichthöhen unmittelbar mit der Schiene auf die Zeichnung übertragen kann (vgl. Abschnitt IV, S. 100, Backsteinmaßstab von A. Henselin).

39. Die Kurvenlineale.

a) Gewöhnliche Kurvenlineale.

Ein gutes Kurvenlineal muß sehr sauber gearbeitete Ziehkanten haben, die völlig frei von allen Unebenheiten sind. Es muß ferner Kurvenelemente enthalten, die brauchbar sind und die gestatten, die Kurven, wie Ellipsen, Parabeln usw., stetig ohne Knicke zusammenzusetzen.

Das Material ist meistens Birnbaumholz. Auch Hartgummi, Helios, Horn und Zelluloid wird dafür verwendet.

Besonders erwähnt seien die Burmesterkurven. Sie sind in drei verschiedenen Formen vorhanden. Jede Kurve reicht über mehr als ein Viertel einer ganzen Ellipse.

b) Die Eisenbahnkurvenlineale.

Ein unerläßliches Zeichengerät für den Eisenbahntechniker sind Kurvenlineale, welche die im Eisenbahnwesen vorkommenden Kreiskurven mit Angabe des Radius in den üblichen Maßstäben wiedergeben. Diese Lineale sind im Handel in ganzen Sätzen vorhanden, die alles Erforderliche enthalten. Auch Kurven mit Tangente sind zu haben.

Die Ausgabe ist erheblich, selbst bei Holzkurven. Diese, meistens aus Birnbaumholz gefertigt, sind aber nicht sehr zu empfehlen, da sie sich bei dem starken Gebrauch leicht abnutzen. Sie sind auch nicht sehr zuverlässig.

Metall, meistens Hartmessing oder Helios, ist hier mehr am Platze. Die hohe Ausgabe darf nicht gescheut werden, denn gerade der Eisenbahntechniker bedarf zum Entwerfen von Gleisplänen besonders vorzüglicher Geräte.

Schleicher & Schüll in Düren bringen auch Eisenbahnkurvenlineale aus Hartgummi. Sie halten sich gut, sind aber unsauber.

Eine Vereinigung vieler Kreisbögen bietet die Kurvenpalette aus Zelluloid mit Maßstab und Transporteur. Für das Trassieren von Eisenbahnen, Kartieren und geodätische Arbeiten in Maßstäben 1 : 2500 bis 1 : 50000 ist sie sehr geeignet.

Ein ähnliches Instrument ist der Kurvensammler von V. de Pray. Es ist vorteilhaft anzuwenden bei Zeichnungen im Maßstab 1 : 100 bis 1 : 10000.

Für vorübergehenden Gebrauch kann man sich mit Hilfe eines Stangenzirkels, in den man ein sehr scharfes Messer an Stelle des

Zeichenstiftes einspannt, selbst die nötigen Kurven aus Karton schneiden. Diese Kurven sind aber nur ein Notbehelf und wenig dauerhaft.

c) Die Kurvenlineale für Schiffbauer.

Der Schiffbauer hat fast ausschließlich mit Kurven zu tun. Er bedarf deshalb für seine Zeichnungen einer großen Anzahl von Kurvenlinealen, die in Kästen satzweise zu haben sind (deutscher, Kopenhagener, englischer Satz). Ihr Preis ist jedoch so hoch, daß der Schiffbauer lieber zu einem anderen Mittel greift.

Er wendet lange, biegsame Stäbe, Latten aus Zeder oder Birnbaum an, die er in die von ihm gerade gebrauchte Form biegt und dann an verschiedenen Stellen so stark beschwert, daß sie unverrückbar festliegen und brauchbare Führungen für den Zeichenstift bieten.

d) Die Universalkurvenlineale.

Der Vollständigkeit halber sei hier noch der Universalkurvenlineale gedacht, jener Apparate, die für Kreiskurven mit jedem Radius bis zu einer unteren Grenze herab eingestellt werden können.

Das einfachste dieser Instrumente ist das patentierte Kreiskurvenlineal von Max Schönborn in Magdeburg. Eine elastische Schiene von überall gleichem Widerstandsmoment wird durch an ihren Enden angreifende Kräftepaare nach der Kreisform durchgebogen, und es ist eine Einrichtung getroffen, daß dabei die Schiene mit Hilfe eines Nonius genau nach einem Kreis von bestimmtem Durchmesser gebogen werden kann.

Einen Kreiskurvenzieher bringt Reiß, Liebenwerda. Zwei Lineale sind durch verstellbaren Bogen im Winkel beweglich miteinander verbunden und laufen in kleinen verschiebbaren Führungsnuten. Diese Nuten sind drehbar um Spitzen, die in gegebene Punkte des zu zeichnenden Bogens eingesetzt werden. Durch Verschieben der Lineale in den Nuten wird der im Scheitel des durch die Lineale gebildeten Winkels in Metallhülse befestigte Stift gezwungen, einen Kreisbogen zu beschreiben, ohne daß der Mittelpunkt dazu erforderlich ist.

40. Die Winkelmesser.

Das einfachste Gerät, um Winkel zu messen oder zu übertragen, ist der Transporteur. Er wird aus Papier, Zelluloid oder Metall gefertigt und ist je nach Größe mit Winkelteilung in Graden oder Bruchteilen von Graden versehen.

Für Schulzwecke genügt ein solcher Transporteur. Für weitergehende Ansprüche sind Transporteure vorhanden mit Alhidade, Nonius und Ableselupe.

Ein näheres Eingehen auf diese Instrumente würde hier zu weit führen.

Es sei nur genannt der dreiarmige Vollkreistransporteur für topographische Aufzeichnungen und der Rahmentransporteur, mit dem Schenkel eines Winkels direkt bis zum Scheitel gezogen werden können. Beide Apparate führt Reiß, Liebenwerda.

Auch der in Nr. 35c behandelte Dreispitzzirkel ist ein Winkelmesser.

41. Die Kurvenmesser.

Die Kurvenmesser dienen zum Messen der Bogenlänge einer Kurve.

Der einfachste, zugleich aber auch ungenaueste und unbequemste Kurvenmesser ist der Zirkel. Man stellt ihn beim Gebrauch auf ein bestimmtes Maß ein, dessen Länge sich nach der Krümmung der Kurve richtet. Je stärker die Krümmung ist, um so kleiner muß das Maß sein. Dann schreitet man mit diesem Maß die Kurve entlang und zählt dabei, wie oft es auf der Kurve enthalten ist, nimmt den letzten Teil, der nur ein Bruchteil des Zirkelmaßes ist, dazu und berechnet so die Länge.

Bequemer ist das Kurvenrädchen. Es ist ein feingezähntes Rädchen, das sich auf einer etwa 2 cm langen Schraube als Achse dreht. Die Enden der Schraube sind durch einen Bügel verbunden, an dem ein Handgriff befestigt ist. Bevor man das Instrument braucht, dreht man das Rädchen bis an den einen Bügel heran, dann setzt man es auf den Anfang der zu messenden Kurve und rollt es bis zum Ende derselben ab. Hierbei entfernt sich das Rädchen von dem Bügel, an dem es vorher anlag. Rollt man es nun auf dem Maßstab der Zeichnung bis in die Ausgangsstellung zurück, so kann man die Länge der Kurve auf dem Maßstab unmittelbar ablesen.

Am bequemsten sind Kurvenmesser in Gestalt einer Uhr mit Skalen für verschiedene Maßstäbe. Nach Abrollen der Strecke auf Karten und Zeichnungen ist hierauf die Länge sofort abzulesen.

42. Die Schraffiervorrichtungen.

Bei der Ausstattung von Zeichnungen in schwarzer Strichmanier ist zu empfehlen, sich zur schnelleren Ausführung der

Schraffuren der für diesen Zweck gefertigten Vorrichtungen zu bedienen, denn das stete Innehalten der gleichen Entfernung zwischen den einzelnen Strichen erfordert beim Schraffieren die größte Mühe und greift die Augen ungemein an. Außerdem macht die geringste, auch nur einmalige Unregelmäßigkeit im Abstand der Striche sich dem Auge des Beschauers sofort unangenehm bemerkbar.

Das Einstellen der Zwischenräume wird auf mechanischem Wege durch Apparate geleistet, die, soweit sie für zeichnerische Zwecke brauchbar sind, in zwei Arten zerfallen. Bei der einen Art wird der ganze Apparat fortbewegt, bei der anderen wird nur ein Teil des Apparates an einer festliegenden Schiene, mit der er durch Zahnstange und Zahnrad oder in anderer Weise verbunden ist, entlanggeführt.

Die erste Art besteht im allgemeinen aus zwei durch eine Feder verbundenen und durch einen nach der Breite der Schraffur einzustellenden Zwischenraum getrennten Teilen. Wird der eine untere Teil mit der Handwurzel festgehalten, der andere obere mit den Fingern angezogen, bis er an den unteren anschlägt, der untere Teil dann von dem Druck der Handwurzel befreit und durch die Federkraft vorgedrückt, so hat augenscheinlich der ganze Apparat eine Bewegung in der Richtung des Zuges gemacht, und zwar um die Breite des Zwischenraumes. Wiederholt man die angegebene Bewegung mehrfach hintereinander, so wird sich der Apparat stets um den Zwischenraum, auf den er eingestellt ist, fortbewegen, und es wird möglich sein, an einer am oberen Teile angebrachten Ziehkante die einzelnen Striche für die Schraffur zu zeichnen. Ein Teil dieser Apparate leidet an dem Übelstande, daß infolge der Anordnung der Feder eine Verschiebung während des Gebrauches eintritt und die einzelnen Striche der Schraffur nicht alle miteinander parallel sind.

Von Richter in Chemnitz ist ein patentierter, auf Rollen wandernder Schraffierapparat konstruiert, der durch den Druck eines Fingers auf einen Knopf vorwärts geschoben wird. Die Bewegung selbst wird durch eine rollende Messingwalze an Stelle des gewöhnlich auf dem Papier mit ganzer Fläche gleitenden Teiles bedeutend erleichtert.

Die zweite Art dieser Apparate wird meistens durch Druck auf einen Knopf an einem Führungslineal entlang bewegt. Entweder rollt ein Zahnrad an einer auf dem Lineal befestigten Zahnstange, oder eine Metallklaue wird in das Holz des Lineals gedrückt und schiebt den Apparat weiter. Letztere Vorrichtung erfordert ersichtlich von Zeit zu Zeit Erneuerung des Lineals.

Gegen die erstgenannten Apparate haben die letzteren den
Nachteil, daß die Größe der zu schraffierenden Fläche durch die
Länge des Lineals bedingt ist, oder daß wenigstens ein Absetzen,
ein Zurückstellen des Apparates an den Anfang des Lineals, ein
Verschieben des Lineals mit dem Apparat und ein genaues Ein-
passen notwendig wird.

Auch die Schraffierfeder mit Stellvorrichtung zur Bemessung
der Strichweiten von Richter gehört an diese Stelle. Die auf die
Reißfeder geschraubte dritte Zunge wird auf die gewünschte
Strichweite mittels Stellschraube eingestellt und die Reißschiene
beim Ziehen immer soviel weiter gerückt, daß die dritte Zunge stets
genau auf dem vorher gezogenen Strich läuft. Für alle nicht zu
engen Schraffierungen ist diese Vorrichtung praktisch und zuverlässig.

43. Der Storchschnabel.

Für Vergrößerung und Verkleinerung von Zeichnungen, Karten usw. ist der Storchschnabel anzuwenden.

Das Gerät besteht in seiner einfachsten Gestaltung aus einem
verschiebbaren, rahmenartigen hölzernen Gestell mit einem
Führungs- und einem Zeichenstift sowie einer Stellvorrichtung
für den Maßstab der Vergrößerung oder Verkleinerung. Folgt
man den Linien einer Zeichnung mit dem Führungsstift, so liefert
der Zeichenstift das Bild in dem gewünschten Maßstabe.

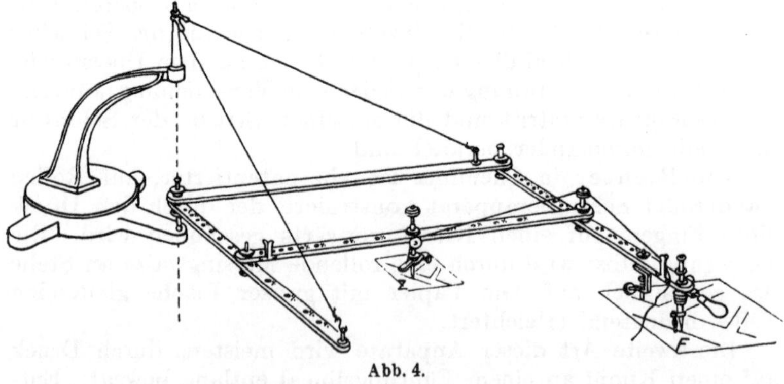

Abb. 4.

Genaue Apparate dieser Art, Präzisions-Pantographen genannt, aus Messingrohren mit sehr sorgfältig gefertigten Scharnieren und Schrauben, arbeiten mit großer Feinheit und Sicherheit. Sie sind sehr teuer (Abb. 4).

44. Perspektivische Apparate.

a) Die Fluchtpunktschienen.

Der größten Verbreitung erfreut sich die vom Maler W. Streck-fuß in Berlin nach den Erfindungen von Thibault in Paris, Nicholson in London und anderen verbesserte Fluchtpunkt-schiene, die aus drei Linealen besteht, die um einen gemein-samen Mittelpunkt drehbar sind. Man kann damit Linien zeichnen, die nach außerhalb des Reißbrettes gelegenen Verschwindungs-punkten gerichtet sind. Man braucht zwei derartige Instrumente, eins für rechts, das andere für links liegende Verschwindungspunkte.

Vom Prof. L. Schupmann in Aachen ist eine Änderung an der Streckfußschen Schiene vorgenommen, durch welche das Schloß vereinfacht ist, dieselbe Schiene links und rechts ge-braucht werden kann und der Preis billiger geworden ist. Aller-dings hat die Schiene an Genauigkeit einge-büßt, weil die kon-vergierenden Linien nicht wie bei der alten Streckfußschen Schiene genau durch den außerhalb des Brettes liegenden Ver-schwindungspunkt gehen, sondern einen kleinen ihn umschrei-benden Kreis berüh-

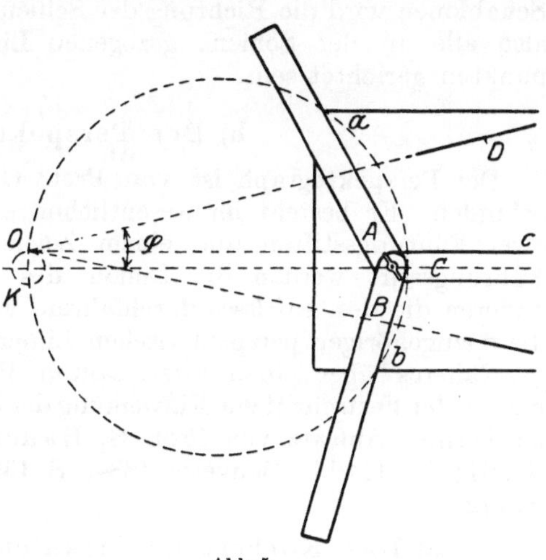

Abb. 5.

ren. Abb. 5 erläutert die Arbeit mit der Schupmannschen Schiene.

Nachdem die beiden Stifte in beliebigen Punkten eingeschlagen sind, werden die Schienen A und B an die Stifte a und b angelegt, und die Schiene C so gelegt, daß die Kante c den Horizont deckt. Dann wird das Instrument gegen die Stifte gestützt, bis zur ge-gebenen Linie D geschoben und nachgesehen, ob auch diese Linie durch die Kante c gedeckt wird. Hat hier die Schiene C eine zu starke Neigung, so muß der Winkel, welchen die Schienen A und B bilden, vergrößert, im entgegengesetzten Falle verkleinert werden.

Bei dem anliegenden Lineale gehen die konvergierenden Linien nicht genau durch den Punkt O, sondern tangieren den kleinen

Kreis K; der hierdurch entstehende Maximalfehler beträgt ca. 1 mm und kommt, da er gewöhnlich viel kleiner ist, bei den anderen Fehlerquellen des perspektivischen Zeichnens nicht in Frage, falls der Divergenzwinkel φ der zu zeichnenden Linien 40° nicht überschreitet. Bei größerer Divergenz ist der Fluchtpunkt leicht so zu legen, daß er direkt erreicht werden kann. Die Schiene ist bei Gebr. Wichmann, Berlin zu haben, deren Katalog die vorstehende Gebrauchsanweisung entnommen ist.

Ganz empfehlenswert als Ersatz für eine Fluchtpunktschiene ist die Anfertigung von Pappschablonen, deren Außenkanten nach Kreisen geschnitten werden, deren Mittelpunkte den Fluchtpunkten entsprechen. Die eine, konkave, Schablone wird am Reißbrett, die andere, konvexe, an der Schiene befestigt. Durch diese Schablonen wird die Richtung der Schiene bestimmt. Es müssen also alle an der Schiene gezogenen Linien nach den Fluchtpunkten gerichtet sein.

b) Der Perspektograph.

Der Perspektograph ist von Prof. Guido Hauck, Berlin, erfunden. Er besteht im wesentlichen aus einem Gestänge mit zwei Führungsstiften und einem Zeichenstift. Mit dem einen Führungsstift werden die Linien des Grundrisses, mit dem anderen die des Aufrisses durchfahren, während der Zeichenstift die dazugehörigen perspektivischen Linien zeichnet.

Näheres über einen interessanten Perspektographen findet man in der Festschrift zur Einweihung der Technischen Hochschule zu Berlin. Aufsatz von Prof. G. Hauck. Dtsch. Bau-Z. 1885, S. 201; Zentralbl. Bauverw. 1884, S. 139; 1891, S. 510; 1892, S. 172.

c) Das Körbersche Strahlendiagramm.

Ein weiteres Mittel zur vereinfachten Herstellung perspektivischer Zeichnungen ist das Körbersche Strahlendiagramm, auf Pauspapier gedruckt (W. Ernst & Sohn, Berlin). Bei Verwendung dieses Diagramms ist das perspektivische Bild jedes Punktes einer geometrischen Zeichnung durch drei Zirkelmessungen aus Grundriß und Aufriß zu finden. Dabei bleiben geometrische und perspektivische Zeichnung frei von Strahlen und Hilfslinien. Der günstigste Standpunkt wird nach einem bestimmten Verfahren ermittelt, so daß Verzerrungen des Bildes vermieden werden.

Besonders bei der perspektivischen Darstellung von Bauwerken in verschiedener Geländehöhe, bei Schaubildern von großen Anlagen mit vielen unter verschiedenen Winkeln zueinander stehenden Gebäuden, und überall wo es sich darum handelt, das perspektivische Bild eines einzelnen Punktes im Raum schnell zu finden, gewährt das Strahlendiagramm gegenüber dem sonstigen Konstruktionsverfahren wesentliche Erleichterung.

Über die Theorie der perspektivischen Konstruktionen vgl. Ph. Lötzbeyer, Darstellende Geometrie und Perspektive, Verlag L. Ehlermann Dresden.

45. Verschiedene Geräte.

Der Zeichenschieber von Goering, zweckmäßig beim Auftragen von Mauerstärken, Schichtenteilungen usw., s. Zentralbl. Bauverw. 1891, S. 56.

Präzisionszeichenmaschine „Kuhlmann" v. F. Kuhlmann, Rüstringen-Wilhelmshafen (bei Gebr. Wichmann, Berlin). Ein beweglicher Arm, der an jedem Reißbrett angebracht werden kann, trägt in einem sinnvoll eingerichteten Kopf zwei verstellbare Lineale, die als Schiene, Winkel, Maßstab oder Transporteur benutzt werden können. Die Zeichenarbeit wird durch den Apparat wesentlich vereinfacht. Viele Handgriffe nach den sonst erforderlichen Zeichengeräten fallen fort.

Das Weichenlineal von Regierungsbaumeister Bayerhaus bei Reiß, Liebenwerda.

Das Weichendreieck von Regierungsbaumeister Koßmehl, Zentralbl. Bauverw. 1900.

Der Storchschnabel zum Vergrößern und Verkleinern, vgl. Jordan, Handb. d. Vermessungskunde; Bauernfeind, Elemente der Vermessungskunde und viele Sonderschriften.

Konstruktionsschema für Vielecke von R. Lehmann, Glogau. Auf einfachste Weise sind damit die Vielecke aller Art und Größe zu zeichnen. Zu beziehen vom Erfinder.

Die Flächenmesser (Planimeter) s. Jordan, Handb. d. Vermessungskunde; die Planimeter-Coradi-Broschüre G. Coradi, Zürich (Gebr. Wichmann, Berlin).

Planimeterzirkel von E. O. Richter & Co., Chemnitz. An Stelle des Planimeters zur Ermittlung des Inhaltes unregelmäßig begrenzter Flächen und zur Bestimmung der Mittelwerte aus Diagrammen aller Art.

Der Rechenstab, s. Jordan, Handb. d. Vermessungskunde u. viele Sonderschriften, z. B.:

Der logarithmische Rechenschieber von Dr. E. Hammer. Ausführliche Rechenstabanleitung.

Die Kunst des Stabrechnens von B. Esmarch. Anleitung für den Selbstunterricht.

Beide Schriften sind bei Gebr. Wichmann, Berlin zu haben.

Rechenstäbe fertigen Dennert & Pape Altona. Gebr. Wichmann, Berlin NW 6, Albert Nestler, Lahr i. B. und A. W. Faber, Stein b. Nürnberg, R. Reiß, Liebenwerda.

Neben den gewöhnlichen Rechenstäben gibt es Rechenstäbe für besondere Zwecke, z. B. für Elektro- und Maschineningenieure zur Ermittlung des Nutzeffektes eines Elektromotors, zur Ermittlung von Leitungsquerschnitten, zum Berechnen von Wasserturbinen, zur Ermittlung des Gewichtes von Metallteilen.

Der photographische Apparat. Aufnahmen zu wissenschaftlichen Zwecken, um danach die wahre Gestalt eines Baukörpers zu bestimmen.

Meßbildverfahren von Dr. A. Meydenbauer.

46. Die Zeichnungsmappe.

Für die gute Erhaltung von Zeichnungen ist die Anschaffung einer Zeichenmappe unerläßlich. Sie muß aus starker Pappe, Rücken und Ecken aus Leinen oder womöglich aus Leder, gearbeitet und am besten mit schwarzem Papier überzogen sein. Ihre Größe ist so zu bemessen, daß die Längen- und Breitenabmessungen die der Zeichnungen um einige Zentimeter übertreffen. Die Stärke des Rückens muß sich nach der Anzahl der aufzunehmenden Blätter richten. Innen sind drei oder womöglich vier gut schließende Staubklappen aus Leinwandpapier anzubringen. Der Schluß der Mappe ist durch starke und möglichst zahlreiche Bänder zu bewirken. Ein Ledergriff in der Mitte des Deckels, um die Mappe bequem zu tragen, darf nicht fehlen.

Hauptsache ist, daß die Blätter stets unter die Staubklappen in die Mappe gelegt und die Bänder der Mappe sämtlich geschlossen werden; nur dann hat der Zeichner die Sicherheit, daß seine mühsam hergestellten Werke vor Staub und Gewürm geschützt sind.

Für gerollte Zeichnungen empfehlen sich — besonders zum Versand — Pappe- und Blechkapseln. Wegen ihrer Handlichkeit sind sie vielfach im Gebrauch. Natürlich kommen sie nur für solche Zeichnungen, Karten und Pläne in Betracht, denen ein Rollen nicht schadet.

Unfertige Zeichnungen sollen nicht gerollt aufbewahrt werden. Die Übersicht über die vorhandenen Blätter sowie das erneute Aufspannen wird durch das Rollen sehr erschwert.

III. Das Zeichnen.

Einleitung.

Allgemeine Hauptregeln für das Zeichnen sind:

Alle Geräte in bestem Zustande erhalten, z. B. nicht mit stumpfen Zirkel- oder Bleistiftspitzen oder mit unsauberen Farben arbeiten.

Alle bei der Arbeit benutzten Gegenstände in einer bestimmten Ordnung bereitlegen, um unnötiges Suchen zu vermeiden; alles Überflüssige vom Zeichentisch entfernen.

Langsam zeichnen und das bereits Aufgetragene von Zeit zu Zeit überprüfen, um Fehler im Abgreifen der Maße zu vermeiden.

Jedes unbekannte zum ersten Male angewendete Verfahren vorher auf besonderem Zeichenpapier ausproben, bis eine gewisse Fertigkeit in der Ausführung erreicht ist. Niemals ohne die Gewißheit des Erfolges die Zeichnung selbst zum Prüfstein eines nicht geläufigen Zeichenverfahrens machen.

47. Das Aufspannen des Zeichenbogens.

Das Befestigen des Zeichenbogens mit Heftzwecken genügt vollständig, wenn die Zeichnung weder gewaschen noch getuscht werden soll, und es ist sehr zu empfehlen, wenn bei derselben der Hauptwert auf große Genauigkeit gelegt wird, z. B. für graphostatische und feldmesserische Zeichnungen.

Das Zeichenpapier ist so reichlich zu bemessen, daß die Zeichenfläche selbst mit einem Rande von 1—2 cm Breite umgeben ist, der die Heftzwecken aufzunehmen hat. Man steckt zweckmäßig zuerst zwei in der Diagonale liegende Zwecken ein, indem man den Zeichenbogen in der Diagonalrichtung kräftig anzieht, dann die übrigen, nur so erhält man einen glatt aufliegenden Zeichenbogen.

Falls an schon fertigen und abgeschnittenen Zeichnungen noch Ausbesserungen vorgenommen werden sollen, schneide man kleine Quadrate, bedeutend größer als die Köpfe der Reißzwecken, aus starkem Karton und ziehe diese auf die Reißzwecken, dann stecke man die Reißnägel dicht neben den Rand der Zeichnung in das Reißbrett ein. Auf diese Weise wird die Zeichnung geschont und doch genügend festgehalten.

Zeichenbogen, die farbig behandelt werden sollen, müssen unbedingt fest auf das Reißbrett gespannt werden, d. h. genäßt und dann mit Leim am Rande aufgeklebt werden.

Der aufzuspannende Zeichenbogen muß mit einem Rande, der zur Aufnahme des Leims dient, versehen sein. Die Breite des Randes richtet sich nach der Größe des Bogens; 1,5 cm für $^1/_2$, 2 cm für $^1/_1$ Whatman dürften genügen.

Man lege den Bogen mit seiner Rückseite, die Zeichenfläche nach oben gekehrt, auf das Brett und kniffe den Rand ringherum nach oben hin um, dann wende man das Blatt und nässe das Papier auf der nun obenliegenden Rückseite mit einem Schwamm an. Hierbei darf die Rückseite nur in Größe der Zeichenfläche genäßt werden. Die umgebogenen Ränder müssen durchaus trocken bleiben, da sie sonst den Klebstoff nicht gut annehmen. Das Annässen darf nicht übertrieben werden, da zu straff gespannte Bogen bei schnellem Temperaturwechsel leicht abspringen, sogar platzen, oder beim Abschneiden einreißen. (Für Zeichnungen, die später getuscht werden sollen, für farbige Dekorationen usw. empfiehlt es sich, beide Seiten des Bogens gehörig zu nässen, da hierdurch das Papier für Annahme der Farbe empfänglicher wird. Viele Zeichner nässen den Bogen auch für Zeichnungen, die nicht farbig behandelt werden sollen, auf beiden Seiten.)

Der die genäßte Fläche umgebende Rand ist nun vorsichtig mit Leim zu bestreichen. Hierbei hüte man sich namentlich davor, den Leim zu stark aufzutragen, da er sonst beim späteren Spannen vom Rande aus nach innen unter die Zeichenfläche tritt und diese an das Brett klebt, ein Übelstand, der beim Abschneiden recht unangenehm zutage tritt. Sodann wende man den Bogen vorsichtig um, lege ihn auf das Brett genau an die für ihn bestimmte Stelle (zurechtrücken auf dem Brette gibt nur zu Unsauberkeiten Anlaß), drücke die Ränder fest an und spanne je zwei gegenüberliegende Seiten gleichzeitig und gleichmäßig an. Man fährt dabei am besten, wenn man, die linke Hand am linken, die rechte am rechten Rand, die Daumen auf den Rand der Zeichnung legt, die übrigen vier Finger unter das Brett nimmt und dann mit den Daumen kräftig die Zeichnung spannt. Sollte sich während des Spannens der Rand an einer Stelle vom Brett lösen, so drücke man ihn mit einem starken Falzbein, der Schale des Taschenmessers oder einem Schlüssel durch wiederholtes Überstreichen fest an; Befestigen mit Heftzwecken ist durchaus zu vermeiden. Mit dem Spannen und Falzen fahre man so lange fort, bis der Bogen nicht mehr die Neigung zum Lösen hat. Beim Aufspannen sehr großer Bogen empfiehlt es sich, die Hilfe eines Kollegen in Anspruch zu nehmen.

Von anderen Methoden sei erwähnt, daß es viele vorziehen, den Bogen sofort nach dem Nässen umzuwenden und dann erst den Leim aufzutragen, nachdem also der Bogen schon seine richtige Lage, aber noch mit ungeknifften Rändern erhalten hat. Der Hauptvorteil hierbei ist das leichtere Umwenden des ungeleimten Bogens. Ferner ist anzuführen, daß manche Zeichner auch die Ränder mit anfeuchten, dann abtrocknen und recht starken Leim benutzen. Sie erreichen dadurch, daß beim Aufkleben des Bogens nicht so ungleichmäßige Spannungen entstehen und die Zeichnung sich nach dem Abschneiden nicht so stark verzieht. Ein unbedingt zu empfehlendes Verfahren besteht darin, daß man den aufzuspannenden Bogen zwischen feuchtes Makulaturpapier legt. Hierbei dehnt er sich gleichmäßig aus, wird nicht zu wellig, die Ränder nehmen noch gut den Klebstoff an, der Bogen zieht sich nach dem Aufkleben wieder gleichmäßig zusammen. Das Verfahren ist sauber, bedarf nicht zu großer Eile, der Bogen reißt nie.

Recht bequem sind Bogen aufzuspannen, wenn sie bereits vor einiger Zeit für das Aufleimen hergerichtet wurden. Man bestreiche einige Zeichenbogen auf dem Rande der Rückseite, ohne einzukniffen, mit gutem Leim, lasse denselben trocknen und lege die Blätter bis zum Bedarf in eine Mappe. Der Leim behält jahrelang seine Bindekraft und die Zeichenbogen können ohne lästiges Hin- und Herwenden auf der Rückseite genäßt, umgekehrt und dann gespannt werden.

Es ist nicht ratsam, einen aufgespannten Bogen unbeobachtet zu lassen, da oft noch längere Zeit nachher durch die während des Trocknens entstehenden Spannungen ein Loslösen veranlaßt und die ganze Mühe hierdurch vergebens wird. Auch gewaltsames Trocknen ist nicht zu empfehlen.

Ein frischer Bogen darf nicht auf ein Brett gespannt werden, das noch die Ränder der letzten abgeschnittenen Zeichnung trägt. Hierbei liegt der neue Bogen hohl, und die Zirkelspitzen verursachen große Löcher. Die aufgeklebten Ränder werden am schnellsten und schonendsten für das Reißbrett entfernt, indem man Wasser aufträufelt und darauf stehen läßt, die aufgeweichten Papierstreifen später abzieht und den Leim wegwäscht.

Ein aufgespannter Bogen darf erst in Gebrauch genommen werden, nachdem er völlig getrocknet ist.

Erwähnt werde noch, daß eine Zeichnung, die auf aufgezwecktem Papier begonnen ist und nachträglich koloriert werden soll, erst aufgespannt werden darf, nachdem sie völlig in Tusche ausgezogen ist, da sich beim Aufspannen sämtliche Linien ändern, und ein Ausziehen dann nicht mehr möglich ist.

48. Das Format und die Einteilung der Zeichnung.

Ehe eine Zeichnung begonnen wird, muß völlig Klarheit darüber herrschen, welche Teile des darzustellenden Gegenstandes, welche Grundrisse, welche Ansichten, welche Schnitte, welche Einzelheiten zu seiner deutlichen Vorstellung notwendig sind. Hiernach ist bei einem vorgeschriebenen Maßstab (vgl. Abschn. IV) die Größe des Zeichenbogens zu bemessen, bei gleichzeitig vorgeschriebener Größe des Zeichenbogens die Anzahl der Blätter zu bestimmen. Ist die Wahl des Maßstabes freigestellt, so richtet man ihn nach der Größe der zur Verfügung stehenden Zeichenfläche ein.

Bei einer Zeichnung, die auf Schönheit Anspruch machen soll, ist darauf zu achten, daß die Größe des Maßstabes, die bezeichnete und die freie Fläche, die Stärke des Striches, die Zusammenstellung der Farben, der die ganze Zeichnung umgebende freie Rand, die Größe der Aufschrift und der Unterschrift und das Bild des Maßstabes in einem das Auge befriedigenden Verhältnis stehen. Es ist deshalb durchaus zu empfehlen, in kleinem Maßstabe auf einem Quartblatt etwa, eine Skizze anzufertigen, welche genau die Umrisse der einzelnen Figuren, den Raum für die Schrift usw. enthält, also im kleinen ein genaues Bild für die Anordnung der Zeichnung gibt. Unterläßt man dieses und arbeitet mit einem nicht sorgfältig überlegten Maßstabe darauf los, so wird man entweder eine häßliche Zeichnung erhalten oder, falls das Auge die Unschönheit rechtzeitig bemerkt, zu wiederholtem Wegradieren und Ändern gezwungen werden. Für das am meisten gebräuchliche Zeichenformat eines halben Whatman (der ganze Whatman ist sowohl beim Zeichnen als auch für späteres Handhaben unbequem) dürfte im allgemeinen folgende Anordnung zutreffend sein. Man gebe der Zeichnung oben einen Rand von 6—8 cm, der zur Aufnahme der Hauptüberschrift bestimmt ist, unten lasse man einen Rand von etwa 6 cm für Anbringung der Maßstäbe und der Unterschrift; die Seitenränder erhalten eine genügende Breite mit 4 cm. Die Stellung der verschiedenen Figuren innerhalb dieses Rahmens wähle man so, daß die Zeichnung das Auge nicht unangenehm berührt, daß sie also nicht etwa an der einen Stelle gedrückt und überladen, an der

anderen leer und ärmlich erscheint. Ebenso ist übermäßiges
Ausnutzen der ganzen Zeichenfläche durch viele eng gedrängte
Figuren zu vermeiden. Hier wird verwiesen auf das höchst
anregende Werk von H. Maertens, Der optische Maßstab oder
die Theorie und Praxis des ästhetischen Sehens in den bilden-
den Künsten.

Die Zeichenfläche selbst, die abgeschnitten das gebräuchliche Format haben muß, rahmt man zweckmäßig mit kräftigen
Bleistrichen ein, damit etwaige Strich- und Farbproben nicht auf
die Zeichnung selbst fallen, sondern mit Sicherheit außerhalb
des Striches auf dem aufgeklebten Rande gemacht werden.

Vom Normenausschuß der Deutschen Industrie
sind bestimmte Papierformate im Normblatt DIN 823
festgelegt. Die üblichen Rollenbreiten für Zeichen- und
Lichtpauspapiere werden durch diese Formate gut ausgenutzt.
Besonders für maschinentechnische Zeichnungen ist die Benutzung der DIN-Formate von Bedeutung. Die Aufbewahrung
und Übersicht in Schränken wird erleichtert. Da die kleineren
Formate aus Halbierung der größeren entwickelt sind, so können
verschieden große Blätter bequem auf dasselbe Format zusammen-
gelegt werden. Nähere Angaben im DIN-Buch 1, Papierformate,
Beuth-Verlag, Berlin SW 19.

49. Das Auftragen.

Für das Auftragen ist zunächst die Auswahl der passen-
den Bleistifthärten zu treffen. Über die vorhandenen Härten
vgl. Nr. 12.

Für Ornamentzeichnen, Fassaden usw. ist vorzugsweise
Nr. 2, HB und B ausnahmsweise Nr. 3, F zu verwenden. Für
gewöhnliche Konstruktionszeichnungen und Maschinenzeichnungen ist Nr. 3, F die richtige Härte und Nr. 4, H nur
bei kleinem Maßstabe zu gebrauchen. Für graphische Ermittlungen, feldmesserische Zeichnungen u. dgl. ist unbedingt
Nr. 4, H, 2 H zu wählen.

Die für die betreffende Zeichnung notwendigen Bleistifte ver-
sehe man mit deutlichen Marken, so daß man sofort die richtige
Nummer greift, ohne erst lesen zu müssen. Die Bleistifte sind stets
sorgfältig zu spitzen, und das Anspitzen ist sofort zu wiederholen,
sobald ein breiterer Strich als zweckmäßig hervorgerufen wird.

Der Spitze gibt man die Gestalt eines Kegels, der genau zen-
trisch zur Achse des Stiftes stehen muß. Für Konstruktionszeich-
nen ist auch eine keilförmige Schneide in Gebrauch, deren Lieb-

haber die Ersparnis an Material, einen sicheren Strich und das seltenere Anspitzen (da eine Schneide länger scharf bleibt als eine Spitze) als ihre Vorteile anführen, doch ist diese Form bei manchen kleinen Vorgängen des Zeichnens unpraktisch. Unbedingt aber ist die Keilform für den Bleifedereinsatz des Einsatzzirkels anzuwenden, da man nur so vollständig geschlossene Kreise erhält. In allen Fällen darf die Spitze nicht zu schlank sein, da sie sonst leicht bricht.

Beim Ziehen der Linien vermeide man sorgfältig ein ûnnötiges Aufdrücken, wodurch häßliche Schrammen im Papier entstehen. Um einzelne falsch gezogene Linien wegradieren zu können, ohne die Umgebung zu sehr zu verletzen, schneidet man sich kleine, keilförmige Gummistücke, mit denen die betreffenden Linien sauber zu entfernen sind. Auch kleine Papierschablonen sind hierbei vorteilhaft zu benutzen.

Beim Radieren soll man ebenfalls nicht heftig aufdrücken, sondern den Gummi nur leicht führen.

Zweckmäßig ist es, den Maßstab der Zeichnung gleich zu Anfang auf den Bogen aufzutragen, auszuziehen und sodann für das Auftragen zu benutzen. Ein solcher Maßstab wird am genauesten, wenn man die Teilstriche eines Anlegemaßstabes, von dessen Richtigkeit man überzeugt ist, mit der Punktiernadel auf die Zeichnung überträgt. Für Zeichnungen aus dem Gebiete des Ingenieurwesens, die große Genauigkeit verlangen, ist ein Transversalmaßstab zu empfehlen, der so einzurichten ist, daß die kleinsten aufzutragenden Maße mit Sicherheit ohne Schätzung abgegriffen werden können.

Zu beachten, namentlich von Anfängern, ist, daß die Zeichenfläche niemals mit der Hand berührt werde, da die hierbei entstehenden Flecke kaum zu beseitigen sind. Alle Unreinheiten, namentlich Gummiüberbleibsel, sind sofort, aber nur mit dem Handfeger oder einem ähnlichen Hilfsmittel zu entfernen.

Man gewöhne sich, Schiene und Dreiecke, namentlich solche aus Hartgummi, vor dem Gebrauch stets sauber abzuwischen und den Schienenkopf stets an der linken Reißbrettkante zu führen; die Dreiecke zum Zeichnen der Vertikalen sind so zu legen, daß sich die Ziehkante stets auf einer Seite, am vorteilhaftesten links befindet. Durch letztere Vorsichtsmaßregeln gelingt es, auch dann noch leidliche Zeichnungen zu erhalten, wenn die Zunge der Schiene nicht senkrecht zum Kopfe steht oder der Winkel des Dreiecks kein rechter ist, da der Fehler dann bei allen Horizontalen bzw. allen Vertikalen immer derselbe ist und möglichst wenig auffällt.

Ungenauigkeiten der Reißbrettkante sind am störendsten beim Ziehen der Vertikalen; man kann auch hierbei die Fehler möglichst vermeiden, wenn man sich eine Wagerechte anmerkt und beim Zeichnen der Vertikalen die Schiene stets an diese Wagerechte legt.

Das Wackeln des Schienenkopfes an der Reißbrettkante (ein sehr empfindlicher Fehler) läßt sich vorübergehend leicht durch Umlegen eines Papierbügels von entsprechender Stärke um die betreffende Stelle des Kopfes beseitigen.

Zur Anfertigung von Skizzen sind mit Maßstab versehene Schienen und Dreiecke zweckmäßig. Der Zirkel wird dadurch fast entbehrlich und jede Linie kann unmittelbar in der erforderlichen Länge gezeichnet werden.

Bei genauen Zeichnungen ist jedes Maß mit dem Handzirkel von dem Maßstabe abzugreifen und auf einer vorher gezogenen Linie aufzutragen. Sehr lästig ist hierbei, daß man, wie es wenigstens Regel ist, Zirkel und Zeichenstift in einer Hand, der rechten, führt. Dadurch wird man gezwungen, abwechselnd jeden der Gegenstände hinzulegen und wieder aufzuheben, eine zeitraubende und den Spitzen des Zirkels und des Bleistiftes gefährliche Arbeitsweise.

Dies ist zu vermeiden, wenn man vom ersten Strich an, den man zeichnet, sich daran gewöhnt, die Schiene zwischen dem vierten und dritten Finger der linken Hand zu führen, während der Zirkel zwischen Daumen und Zeigefinger derselben Hand gehalten wird. Das Abgreifen und Auftragen erfolgt dann mit der linken Hand, die schon den Zirkel hält; mit der Führung der Schiene hat die linke Hand während dieser Zeit nichts zu tun. Der Zeichenstift kann stets mit der rechten gehalten und geführt werden, ohne daß man ihn niederzulegen braucht.

Wenn möglich, vermeide man es mit großen, ungeschickten Dreiecken zu zeichnen; nur bei Nivellements, graphostatischen Konstruktionen und Detailzeichnungen sind sie angebracht. Ausgeschnittene Dreiecke sind stets den vollen vorzuziehen, da sie den Fingern mehr Angriffspunkte bieten und deshalb leichter zu regieren sind.

Häufig vorkommende Maße, Achsenweiten, Mauerstärken, Schrauben- und Nietdurchmesser usw. werden zweckmäßig mit dem Teilzirkel festgehalten oder, falls es mehrere sind, am Rande mit Vermerk aufgetragen; sie können dann jeden Augenblick schnell ohne Maßstab entnommen werden. Hierbei wird auf die in Nr. 37 und 38 beschriebenen Instrumente, Stichmaße und Schichtenteiler verwiesen.

Das Auftragen einer größeren Länge, in der bestimmte Strecken als Spannweiten, Abstände der Achsen, Geländeteilungen und Stationen regelmäßig wiederkehren, geschieht am genauesten, wenn zuerst die ganze Länge aufgetragen wird und dann innerhalb derselben die Teilung erfolgt. Hierdurch wird das sonst leicht eintretende Summieren kleiner Fehler vermieden. Für den Gebrauch des Teilzirkels ist noch zu erwähnen, daß bei Teilung einer Länge in sehr kleine Teile auch auf die Führung des Zirkels sehr geachtet werden muß. Schon ein veränderlicher Druck beim Einsetzen der Spitzen läßt Ungenauigkeiten entstehen. Um die vielen, durch wiederholtes Probieren hervorgebrachten Löcher der Zirkelspitzen zu vermeiden, nimmt man diese Teilung nicht auf der Zeichenfläche selbst, sondern an anderer Stelle, am Rande vielleicht, vor. Beim Übertragen von Maßen aus einer Zeichnung in die andere, z. B. bei Anfertigung von Grundrissen in verschiedenen Stockwerken, beim Projizieren für Herstellung von Schnitten, ist es recht vorteilhaft, diese Maße nicht mit dem Zirkel abzugreifen, sondern sie auf einem angelegten Papierstreifen zu markieren, diesen auf die neue Zeichnung zu legen und danach die Maße zu übertragen.

Einfache Figuren, die auf mehreren Zeichnungen wiederkehren, können durch Schablonen übertragen werden. Die Figur wird auf kräftiges gutes Papier gezeichnet und mit scharfem Messer ausgeschnitten. Diese Schablone wird an der gewünschten Stelle aufgelegt und mit einem in den Bleistiftstaub eines zum Anspitzen benutzten Schmirgelpapiers getauchten Pinsel gefüllt. Die Kanten kommen sauber heraus und können sofort nachgezogen werden. Der Bleistaub ist leicht zu entfernen.

Winkel zeichnet man außer mit den in Nr. 40 erwähnten Vorrichtungen mit noch größerer Genauigkeit, indem man das Tangentenverhältnis des betreffenden Winkels aufträgt. Die hierzu benutzten Linien werden so lang gewählt, als es die Zeichnung irgend erlaubt.

Sind mehrere Kreise aus einem Mittelpunkt zu zeichnen, so läßt sich das Ausleiern dieses Punktes dadurch verhindern, daß man eine kleine Reißzwecke mit einer Vertiefung auf dem Kopf zum Einsetzen der Zirkelspitze in den Mittelpunkt setzt oder kleine durchsichtige, mit spitzen Stahlfüßen versehene Horn- oder Gelatineplättchen unterschiebt.

Ein Punkt wird nicht durch Bleistiftklecks, sondern durch einen leichten Zirkelstich oder durch die Kreuzung zweier feiner Linien bezeichnet. Gehen mehrere Linien durch einen Punkt, so umgibt man ihn mit einem kleinen Kreise und zieht die

Linien nur bis an diesen heran, da sonst der Punkt durch die Kreuzung vieler Striche an Schärfe verlieren würde.

Bei Plänen und Karten, wo es sich um genauestes Auftragen von Maßen handelt, ist das Abgreifen mit Zirkel und Maßstab unzureichend. Man benutzt in dem Fall besondere Kartierinstrumente (s. Nr. 11), Koordinatenschieber und schließlich die umfangreichen und sehr teueren Koordinatographen (Coradi).

50. Das Ausziehen.

Nachdem die Zeichnung in Blei vollständig fertiggestellt ist (nachträgliches Auftragen hält sehr auf), kann das Ausziehen beginnen.

Bei der immer seltener werdenden Verwendung von chinesischer Tusche in Stücken ist zunächst die Tusche einzureiben. Hierbei darf nicht zuviel Wasser genommen werden, da dieses sonst die Teile außerhalb der Reibfläche bespült und aufweicht und hierdurch Stücke und Flocken in die eingeriebene Tusche gelangen, die beim späteren Anlegen auslaufen. Vorteilhafter ist es, die Tusche recht dick einzureiben und nach Bedarf zu verdünnen.

Nach dem Gebrauch muß das benutzte Stück Tusche mit recht glattem Schreibpapier sorgfältig abgewischt werden, um ebenfalls das Auslaufen beim nächsten Gebrauch zu verhüten.

Einer Tusche, die Neigung zum Auslaufen hat, kann durch Zusatz von Ochsengalle, Essig oder chromsaurem Kali diese Eigenschaft genommen werden; jedoch ist zu bemerken, daß die beiden letzteren Zutaten die Ziehfeder angreifen und daß bei dem Gebrauch von Kali die gezogenen Striche nach völligem Trocknen tüchtig mit reinem Wasser abgespült werden müssen, da sie sonst später gelb werden.

Flüssige Tusche ist vor dem Gebrauch umzuschütteln. Für das Ausziehen wird die Tusche mit einer besonderen Feder in die Ziehfeder gebracht, wobei man aber vermeide, mit den Spitzen in Berührung zu kommen. Am besten bedient man sich der in Nr. 20 angegebenen Tuschheber.

Ein Lappen zum Reinigen der Außenseite der Reißfeder muß stets zur Hand sein. Er wird mit einem Reißnagel am Zeichentischrand befestigt.

Die Ziehfeder steht während des Ziehens am besten senkrecht zur Zeichenfläche, um gleichmäßige Abnutzung zu erzielen. Die Spitze bleibt in einem gewissen Abstande von der betreffenden Ziehkante. Würde man die Spitze der Feder dicht gegen die Zieh-

kante drücken, so würde der Strich eine unregelmäßige Breite
erhalten, da die Wangen an der Spitze nicht stark genug sind,
um dem bald stärkeren bald schwächeren Druck Widerstand
zu leisten. Außerdem besteht die Gefahr, daß die Tusche an die
Ziehkante entlang ausläuft. Ausgezackte, unsaubere Striche entstehen, wenn die Ziehfederachse in einer Ebene gehalten wird,
die nicht senkrecht zur Zeichenebene ist.

Man darf in der Feder niemals Tusche eintrocknen lassen,
sondern muß sie ohne Pause aufbrauchen, oder durch zwischen
die Spitzen geschobene Papierstreifen entfernen. Überhaupt ist
öfteres, frisches Füllen der Feder während der Dauer des Ausziehens sehr zu empfehlen.

Wenn die Ziehfeder versagt, d. h. nicht anziehen will, trotzdem sie gefüllt ist, so braucht man die äußerste Spitze nur mit
Wasser in Berührung zu bringen oder einen Strich auf einem
Finger der linken Hand zu tun. Die Feder wird dann sofort
wieder ziehen.

Nach dem Gebrauch muß die Feder gänzlich von Tusche
gereinigt werden. Für die Gärtnerschen Ziehfedern empfiehlt
es sich, zur Schonung der Spitzen ein Stückchen Zeichenpapier
einzuschieben, ehe man sie weglegt.

Vor dem Beginn des Ausziehens ist mit der Ziehfeder eine Probe auf Strichbreite und Dunkelheit
der Tusche vorzunehmen.

Die Breite der Striche wird in der Regel nach dem Maßstabe zu bemessen sein und darf nicht zu gering gewählt werden.
Von der im vergangenen Jahrhundert für Bauzeichnungen
beliebten außerordentlichen Feinheit der Striche ist man vollständig abgekommen. Man verwendet jetzt lieber kräftige Striche
und schreibt alle Maße ein. Zu feine Striche in einer Originalpause würden bei der Vervielfältigung durch Lichtpausverfahren
auf den Pausen nur undeutlich erscheinen und bei geringem Ver-
blassen derselben ganz verschwinden.

Außergewöhnlich starke Striche werden entweder mit der auf
S. 46 erwähnten besonderen Ziehfeder gezogen oder man zeichnet
im entsprechenden Abstand zwei mäßig starke Striche und füllt
den Zwischenraum mit Tusche aus.

Durch Verwendung verschiedener Strichstärken kann
man einzelne Teile einer Zeichnung besonders hervorheben oder
zurücktreten lassen und so die Darstellung lebendig und leicht
lesbar machen (vgl. Abschn. IV und die Tafeln). Demselben
Zweck dienen auch gestrichelte und strichpunktierte
Linien.

Bei verwickelten Zeichnungen, z. B. mathematischen, oder bei Leitungsplänen werden auch noch **farbige Ausziehtuschen** zu Hilfe genommen. Für diese Tuschen benutze man stets eine besondere Ziehfeder, da die Federn durch die in farbigen Tuschen enthaltenen Klebstoffe für schwarze Tusche unbrauchbar werden, oder wenigstens erst einer sehr sorgfältigen Reinigung bedürfen.

Der Normenausschuß der Deutschen Industrie hat besonders für Maschinentechniker **Normen für Strichstärken** aufgestellt. Blatt 15 der DIN-Zeichnungsnormen enthält alle Angaben über Stärken der Vollinien, Strichlinien, Strichpunktlinien, Freihandlinien und deren Anwendungsgebiete (wiedergegeben auch im DIN-Buch 8, Zeichnungsnormen, Beuth-Verlag, Berlin).

Eine Zeichnung wird in der Weise ausgezogen, daß alle gleich starken oder gleichfarbigen Linien hintereinander gezogen werden.

Man hält dabei zweckmäßig eine bestimmte Reihenfolge ein

1. durch Nullenzirkelkreis bezeichnete Punkte,
2. große Kurven,
3. kleine Kurven,
4. wagerechte Linien,
5. senkrechte Linien,
6. schräge Linien,
7. Maßpfeile, Zahlen und Schrift.

Man zieht Kurven und Kreise zuerst aus, weil es leichter ist, eine tangentiale Gerade mit der Ziehfeder sauber an einen ausgezogenen Bogen anzuschließen als umgekehrt (z. B. bei Rundbogenöffnungen oder bei den meisten Maschinenteilen).

Beim **Ausziehen von Kreisen** mit dem Einsatz- oder Stangenzirkel ist streng darauf zu achten, daß bei Benutzung der vorhandenen Gelenke sowohl die Spitze im Mittelpunkt als auch die Ziehfeder senkrecht zur Zeichenfläche stehen. Bei großen Radien empfiehlt es sich, mit der einen Hand den Mittelpunkt zu stützen und mit der anderen die Ziehfeder leicht zu führen, wobei besonders ein Federn des Zirkels zu vermeiden ist. Große Sorgfalt ist darauf zu verwenden, daß der Kreis genau schließt, und nicht etwa die Stelle, an der begonnen wurde, zu erkennen ist. Sind mehrere konzentrische Kreise zu zeichnen, so benutzt man eine Zentrierzwecke.

Das **Ausziehen von Kurven** am Kurvenlineal ist eine sehr mühsame und zeitraubende Arbeit, wenn die Kurve wirklich sauber und ohne Knick hergestellt werden soll. Alle Teile müssen vorher sorgfältig auf dem Lineal gesucht, die Strecken markiert und auf ihren Übergang geprüft werden. Zwischen den einzelnen Teilen läßt man gern einen kleinen Zwischenraum, der später mit spitzer Zeichenfeder gefüllt wird.

Viele Zeichner ziehen es vor, die Kurve in Blei gut vorzuziehen und dann mit der Zeichenfeder auszuziehen, wobei sie meistens in kleinen Strichen, sich immer wieder dem Charakter der Kurve anschmiegend, vorwärts gehen. Sehr geübte Zeichner mit recht sicherer Hand ziehen auch in Blei vorgezogene Kurven aus freier Hand mit einer Ziehfeder mit runder, weicher Spitze aus, ein Verfahren, welches aber Anfängern nicht zu raten ist.

Gerade Linien werden in einem ruhigen Zuge ausgezogen, nachdem man sich vorher noch einmal über Anfang und Endpunkt vergewissert hat.

Fürchtet man bei schnellem Arbeiten frisch gezogene, namentlich breite Striche durch Auflegen des Dreiecks oder der Schiene zu verwischen und wünscht man doch rasch vorwärts zu kommen, so schiebt man unter das Ende der Schiene oder unter die Spitze des Dreiecks einen Bleistift oder drückt Heftzwecken ein, so daß die gehobenen Teile bei der Fortbewegung die noch nassen Striche nicht berühren.

Bei Linienkreuzungen muß die zuerst gezeichnete Linie vollkommen trocken sein, ehe die zweite gezogen wird, da sonst die Tusche ausläuft. Wenn viele Linien sternförmig in einem Punkt zusammenlaufen, so wird der Punkt mit einem Nullenzirkelkreis umgeben und alle Striche werden nur bis an diesen Kreis geführt.

Über Radieren und nachträgliche Änderungen vgl. Nr. 56.

51. Die farbige Behandlung der Zeichnungen.

Ehe die farbige Behandlung einer Zeichnung begonnen wird, muß dieselbe vollständig ausgezogen sein, auch muß völlige Klarheit über die anzulegenden Flächen und über die Wahl der Farben herrschen.

Letztere muß sehr überlegt werden. Schnitte müssen dunkler als Ansichten angelegt werden, können jedoch einen matten Ton erhalten, wenn die Ansichten farblos bleiben.

Beim Anlegen werden natürlich die bereits mit Tusche gezogenen Striche wieder feucht; sie werden daher, falls die Tusche nicht absolut „steht“, auslaufen und sich mit der Farbe zu einem unsauberen Ton mischen.

Ist man seines Materials nicht völlig sicher, so wasche man die Zeichnung vorsichtig mit einem weichen Schwamm so lange ab, bis kein Auflösen der Tusche mehr erfolgt; hierbei müssen jedoch die überflüssigen Bleistiftstriche vorher sorgfältig mit dem Gummi entfernt worden sein, da sie, einmal mit Wasser getränkt, nur schwer noch zu beseitigen sind.

Das Abwaschen der Zeichnung gibt derselben ein recht sauberes und klares Aussehen, zieht aber den Übelstand nach sich, daß die Striche, namentlich bei Ingenieurzeichnungen, noch einmal nachgezogen werden müssen (natürlich nach dem Anlegen), um die Zeichnung in der notwendigen Schärfe und Klarheit wirken zu lassen. Die Stellen des Zeichenpapiers, die durch Radieren namentlich mit dem Messer oder scharfen Gummi stark angegriffen sind, verursachen leicht Flecke beim Tuschen. Dies wird einigermaßen verhindert, wenn man solche Stellen vor dem Anlegen mit in Wasser gelöstem Alaunpulver bestreicht.

Zweckmäßig ist es, gleich sämtliche Farben, welche für eine Zeichnung gebraucht werden, in reichlicher Menge einzureiben. Hierbei ist besonders darauf zu achten, daß die Farben möglichst zerteilt werden und keine Stücke in den Napf gelangen. Sollte letzteres trotz aller Vorsicht, Einreiben auf dem Finger, Abnehmen mit dem Pinsel, doch geschehen, so läßt man die Farben sich setzen und gießt den oberen Teil vorsichtig in einen anderen Napf ab. Gemischte Farben müssen jedesmal beim Eintauchen umgerührt werden, da die Farben wegen ungleicher Schwere sich ungleichmäßig setzen und den Ton dann ändern. Jede Farbe, natürlich mit Ausnahme der feuchten Aquarellfarben, muß nach dem Gebrauch sofort auf einem glatten Stück Papier (nicht Fließpapier, das leicht fusselt und die Farben verunreinigt) so oft sanft aufgedrückt werden, als sie noch Abdrücke darauf zurückläßt, da sonst ein Aufplatzen und nachheriges Bröckeln zu befürchten ist. Diese scheinbare Verschwendung ist in der Tat eine Sparsamkeit.

Die Stärke der Farbentöne muß auf einem Stück Zeichenbogen geprüft werden (ist die Zeichnung gewaschen, auch auf gewaschenem Papier), und es ist so lange Wasser oder Farbe zuzusetzen, bis das Auge befriedigt ist, besonders in der Abstimmung der Töne. Große voll anzulegende Flächen dürfen nicht zu schwer wirken.

Nachdem die überflüssigen Zeichengeräte entfernt und alle Tuschgeräte, wie die Näpfe mit eingeriebener Farbe, Tuschpinsel, Verwaschpinsel, Fließpapier in ausreichender Menge, Schwämme und zwei Tuschgläser zur Stelle sind, kann man mit dem Tuschen beginnen.

Es ist zweckmäßig, hierbei nachstehende Regeln zu befolgen:

Man gebrauche stets dasselbe Glas für reines Wasser und stets dasselbe zum Ausspülen der Pinsel und stelle jedes stets auf denselben Platz, damit man sich an ihren Ort gewöhnt, was sehr zweckmäßig ist, da beim Tuschen nicht viel Zeit zu verlieren ist und ein einmaliger Irrtum in den Wassergläsern recht unangenehme Folgen haben kann. Ferner brauche man nur Doppelpinsel, deren eine Seite nur für die Farben, deren andere nur für reines Wasser bestimmt ist. Letztere ist stets mäßig mit Wasser gefüllt zu halten, so zwar, daß sie bei schneller Bewegung nicht tropft, aber doch jeden Augenblick zur Aufnahme eines unangenehmen Überschusses von Farbe bereit ist.

Jede eingeriebene Farbe ist vor dem Gebrauch jedesmal sorgfältig mit dem Pinsel umzurühren. Der Pinsel muß stets voll und ganz mit Farbe gesättigt sein; man muß sich bemühen, bei jedem Eintauchen stets dasselbe Maß der Sättigung durch Abtupfen auf Fließpapier, Abstreichen des Pinsels auf dem Rand des Tuschnapfes oder durch Ausschwenken wieder zu erhalten und darf den Pinsel nicht zu trocken werden lassen, sondern muß ihn lieber häufiger füllen.

Bei kleinen Flächen ist ein vorheriges Nässen meistens nicht notwendig, und die Farben können gleich in der richtigen Stärke aufgetragen werden, wenigstens die, welche sich hierzu eignen und welche man sehr bald aus seinen Farben herausfindet. Für die verdächtigen empfiehlt sich dringend wiederholtes Überlegen. Die Breite des Pinsels ist möglichst auszunutzen und die Pinselführung so einzurichten, daß die kleineren Flächen mit einem Striche gedeckt werden. Ängstliche Pinselei ist zu vermeiden. Es gehört hierzu aber Übung, da der Druck ganz gleichmäßig sein muß, um ein Übertuschen oder ein Weißbleiben zu verhüten. Kleine Überschreitungen der anzulegenden Fläche können schnell mit dem Finger zurückgewischt werden, ohne daß der Fehler auffällt. An der Stelle, an welcher der Pinsel eine angelegte Fläche verläßt, entsteht fast regelmäßig ein dunkler Fleck, der sofort mit dem Wasserpinsel aufgenommen werden muß. Erscheint die ganze Fläche fleckig, so muß sie schnell, solange sie noch feucht ist, mit Fließpapier abgezogen werden, wodurch der Schaden meistens behoben wird.

Das Anlegen von größeren Flächen, von etwa 1 qdm an, erfordert große Aufmerksamkeit und Geschicklichkeit, besonders dann, wenn die anzulegende Fläche sehr gegliedert ist. Man wähle hierfür nur solche Farben, deren Sicherheit in bezug auf fleckenloses Anlegen man erprobt hat, und ziehe es vor, die gewünschte Stärke des Tones durch wiederholtes Anlegen mit schwachen Tönen zu erreichen. Man beginnt bei wenig schräg gestelltem Brett mit dem Anlegen von oben und führt die Farbe mit einer Wasserkante nach unten weiter.

Bedeutend erleichtert wird das Anlegen dadurch, daß man die Fläche vorher mit dem Wasserpinsel anfeuchtet und mit Fließpapier trocknet, worauf das Papier die Farbe gleichmäßiger annimmt. Bei stark gegliederten Flächen, die ohne Unterbrechung angelegt werden, wird man häufig gezwungen, an drei und mehr verschiedenen Stellen zu tuschen, die Farben herunterzuziehen, feucht stehenzulassen und dann schnell an eine andere Stelle zu gehen. Hierbei ereignet es sich sehr leicht, daß die Farbe sich irgendwo setzt oder gar antrocknet, wodurch ein entstellender Fleck oder Rand entsteht. Dies läßt sich in einfacher Weise vermeiden, indem man die Fläche, ihrer Gliederung angepaßt, in einzelne Teile zerlegt, diese nacheinander anlegt und zwischen ihnen einen ganz schmalen weißen Streifen, in höchstens Strichbreite stehenläßt. Derselbe ist kaum sichtbar, kann aber auch durch nachträgliches Übergehen mit der Pinselspitze völlig unmerkbar gemacht werden.

Erwähnt sei hier, daß es zwei Methoden des Anlegens gibt, die nasse, wohl die verbreitetere, und die trockene. Mit beiden läßt sich bei gehöriger Übung dasselbe erreichen. Die Anhänger der ersteren feuchten das Papier stark an, bringen dann so viel Farbe auf, daß gewissermaßen ein gleichmäßiges Überschwemmen des Papiers eintritt und dasselbe vollständig wellig wird, und lassen den Pinsel nur für die gleichmäßige Verteilung sorgen. Die Liebhaber des trockenen Verfahrens feuchten das Papier nicht an, sondern tragen die Farben sofort mit dem mäßig gesättigten Pinsel, auf dessen gleichmäßige Füllung streng geachtet wird, auf die Fläche in gleichmäßig breiten, endlosen, schlangenförmigen Strichen und mit großer Schnelligkeit. Hierbei ist eine Unterbrechung auch nur auf Sekunden streng zu vermeiden, denn es entsteht sofort ein Fleck, während das nasse Verfahren ein zeitweiliges Aufhören ohne Nachteil gestattet und deshalb für den Anfänger entschieden vorzuziehen ist.

Der Hauptvorteil der trockenen Methode ist der, daß bei wiederholtem Anlegen nicht die Zeit verlorengeht, während welcher bei dem nassen Verfahren das Trocknen der eben getuschten Fläche abgewartet werden muß.

Fleckige und zu dunkel geratene Flächen können durch wiederholtes Verwaschen mit dem Verwaschpinsel und Auflegen von Fließpapier von diesen Fehlern befreit werden; auch vorsichtiges Radieren mit weichem Gummi führt zum Ziel.

Völlig mißratene Flächen entferne man mit dem Schwamm, aber vorsichtig, so daß kein Loslösen der Papierteilchen stattfindet.

Wenn einzelne Teile der Zeichnung durch Schattenwirkung deutlicher gemacht werden sollen, ist, nachdem die Zeichnung ausgezogen ist, der Schatten zu konstruieren, bei schwierigeren Fällen auf einem besonderen Blatte, und seine Grenzen sind in feinen Bleistiftlinien aufzutragen.

Um richtig und schnell die Eigenschaften runder Körper auch bei kleinen Maßstäben wirkungsvoll angeben zu können, empfiehlt es sich für jeden Zeichner, auf einem besonderen Blatte den Schatten, welcher bei in der Projektion unter 45⁰ (der gewöhnlichen Annahme) einfallenden Lichtstrahlen entsteht, für die hauptsächlichsten Körper, wie Zylinder, Kugel, Kegel und Ring, genau in Isophoten zu konstruieren und durch Anlegen deutlich zu machen. Ein Blick auf diese Bilder wird ihn dann stets in den Stand setzen, in richtiger Weise die Schatten anzugeben.

Der Schatten selbst wird durch Absetzen der Töne oder durch Verwaschen dargestellt.

Im ersteren Falle wird zuerst die ganze Fläche mit dem betreffenden Farbenton angelegt, beim zweiten Male nur ein Teil derselben, dem Gesetze der Lichtwirkung folgend, um eine bestimmte Entfernung abgesetzt und so wird fortgefahren, bis die beabsichtigte Wirkung durch die verschiedenen Tonstärken erreicht ist.

Im zweiten Falle beginnt man an der hellsten oder dunkelsten Stelle mit einem Tone zu tuschen, den man durch Zusatz immer kräftiger werdender Farbe dunkler bzw. durch Wasserzusatz heller werden läßt. Diese Art der Darstellung erfordert sehr große Gewandtheit, während auch der Anfänger mit der ersteren mit Sicherheit gute Resultate erzielt.

Größere Flächen (z. B. in Einzelzeichnungen) sind auch durch Spritzverfahren sehr ansprechend und sauber farbig zu behandeln. Von den anzulegenden Flächen werden Schablonen aus Zeichenpapier geschnitten und diese mit feinen Nadeln so auf die Zeichnung gesteckt, daß alle übrigen Teile bedeckt sind. Dann wird die Farbe mit dem in Nr. 32 erwähnten Zerstäuber darüber gesprüht. Ein feinmaschiges Sieb, über das mit einer in Farbe getauchten Zahnbürste gestrichen wird, leistet dieselben Dienste. Bei Schnittfiguren wird auf diese Weise das Körnige des Materials, bei Ansichten der Putz oder die sonstige Rauheit der Oberfläche sehr gut wiedergegeben. Innenansichten bei Bauzeichnungen sind durch Spritzverfahren ebenfalls wirkungsvoll, sauber und lebendig darzustellen.

Auch die Ausziehtuschen sind zum Übersprühen zu benutzen. Sprüht man mehrere übereinander, so sind die verschiedensten Töne herzustellen (z. B. erst schwarze, dann blaue Tusche ergeben eine schöne graue Fläche, deren Abtönung nach schwarz oder blau leicht zu regeln ist).

Beim Anlegen von Zeichnungen mit Farbstiften (s. Nr. 30) wird die beste Wirkung erreicht, wenn man mit dem gut gespitzten Stift die Fläche durch dicht nebeneinander gelegte Striche deckt und dann mit dem Wischer (s. Nr. 31) vorsichtig und gleichmäßig die Farbe verreibt. Derartig ausgeführte Zeichnungen sehen sehr zart aus und erhalten sich auch recht gut.

Bleizeichnungen können mit Farbstiften bequem und flott durch gleichmäßig nebeneinander geführte Striche angelegt werden. Wo bei Ausführungszeichnungen (z. B. für Tischlerarbeiten) die Schnitte gleich in die Ansichten hineingezeichnet werden, ist dieses Verfahren besonders praktisch. Es läßt die schwarz gezeichnete Ansicht gut erkennen und bringt doch den Schnitt durch die Farbe zu deutlicher Wirkung.

Zeichnungen mit vielen verschiedenen Projektionslinien sind mit Hilfe von Farbstiften sehr klar durchzuführen.

52. Das Schraffieren.

Die Ausstattung technischer Zeichnungen in schwarzer Manier hat eine große Verbreitung gefunden, weil derartige Zeichnungen sich ganz besonders zur Vervielfältigung eignen.

So wird im Maschinenbau die Originalzeichnung nur in schwarzer Darstellung nach den Normen bearbeitet, da in die Werkstätten nur die Pausen gegeben werden.

Aber auch diese Technik verlangt Übung und Aufmerksamkeit.

Sehr zweckmäßig bedient man sich beim Schraffieren guter Apparate, und es wird in dieser Hinsicht nochmals auf Nr. 42 zurückgewiesen. Nur eins sei hierbei noch erwähnt: daß man nämlich selbst bei den besten Apparaten, die also sicher stets denselben Zwischenraum einstellen, fleckige Schraffuren erhalten wird, wenn man die Tusche in der Ziehfeder bis auf den letzten

Rest aufbraucht und dann dicht neben den mit fast leerer Feder gezogenen Strich einen solchen mit voller Feder hinsetzt. Hierdurch entsteht immer eine Ungleichmäßigkeit, die durch eine stets möglichst gleichbleibende Füllung der Ziehfeder leicht vermieden werden kann. Auch jedes Absetzen der Apparate innerhalb einer Fläche macht sich bemerkbar, da das Auge gerade für Fehler in Schraffuren äußerst empfindlich ist. Diese Fehler lassen sich allerdings durch verständiges Ausbessern mildern, z. B. dadurch, daß man zu dunkle Stellen mit einem weichen Gummi etwas heller reibt, zu helle durch sorgfältiges Zwischenzeichnen von feinen Strichen dunkler tönt; auch durch Anwendung von Bleistiftstrichen läßt sich manches erreichen.

Grundrisse, Schnitte, Ansichten, Schlagschatten werden mit gleichmäßiger Schraffur versehen. Die einzelnen Baustoffe die Stärke des Schattens und sonstige Verschiedenheiten lassen sich durch die verschiedensten Schraffuren darstellen und abstufen, wodurch die Zeichnung übersichtlich und leicht lesbar wird. Es werden feine oder starke Striche mit breiten oder engen Zwischenräumen gewählt, es werden nach bestimmtem Gesetz unterbrochene oder punktierte Linien, oder letztere mit durchgehenden Strichen abwechselnd gezogen (vgl. Nr. 55b). An rechter Stelle stehengelassene Lichtkanten, die vorher mit Bleistrichen anzugeben sind, geben den Zeichnungen entschiedenes Leben.

Schräge Flächen, wie Böschungen, werden durch aufeinanderfolgende Striche mit wachsenden Zwischenräumen bezeichnet. Dieses Wachsen muß stetig erfolgen; bei mangelnder Übung ist ein Notbehelf das Vorziehen dieser Striche in Blei, bis das Auge befriedigt ist (vgl. Nr. 55b).

Mit großer Sorgfalt ist bei der Darstellung runder Körper, wie Säulen, Nietköpfen u. dgl., zu verfahren, und es ist ratsam, auch hierfür einige Musterbilder, ähnlich wie sie für das Anlegen empfohlen sind, zur Hand zu haben. Zur Darstellung dieser Körper, wie Zylinder, Kegel, Kugel, wird entweder ein Strich von gleichbleibender Breite in entsprechend verschiedenen Zwischenräumen angewendet, oder man wählt bei gleichen Zwischenräumen Striche verschiedener Stärke, an den dunkelsten Stellen die breitesten. Letztere Methode ist allerdings sehr mühevoll, gibt aber wunderschöne Zeichnungen.

Die Kennzeichnung der verschiedenen Baustoffe im Schnitt durch verschiedene Schraffur ist für Bauzeichnungen recht brauchbar.

Bei Maschinenzeichnungen verzichtet NDI darauf gänzlich. Alle Schnittflächen werden hier durch schräge ganze Linien schraffiert, deren Abstand nur nach der Größe der Fläche bestimmt wird. Unmittelbar nebeneinander liegende Schnittflächen verschiedener Konstruktionsteile werden durch entgegengesetzt ansteigende Linien schraffiert (möglichst unter 45⁰). Schmale Flächen werden ganz geschwärzt und heben sich durch Fugen oder Lichtkanten voneinander ab. Die Baustoffe der einzelnen Teile sind in der jeder Zeichnung beigefügten Stückliste aufgeführt und darin genauer charakterisiert, als es durch bloße Unterschiede der Schraffur möglich wäre.

Architekturzeichnungen, Fassaden wie Einzelheiten, lassen sich durch Ziehfederschraffur der Schatten, Dachflächen usw. auch in Verbindung mit Wasserfarben sehr sauber und ansprechend darstellen. Die Farbe der schraffierten Schattenflächen ist dann natürlich nicht dunkler zu wählen.

Ansichten in kleinerem Maßstabe werden durch freihändige Schraffur mit der Zeichenfeder wirkungsvoll behandelt. Hauptbedingung ist dabei ein gleichmäßiger, ruhig durchgeführter Strich, kein „Stricheln".

Perspektivische Darstellungen von Bauwerken werden gern als freihändige Federzeichnung ausgeführt. Hierbei ist eine überall gleiche Strichstärke nicht unbedingt notwendig. Im Gegenteil gibt die Behandlung der im Bilde weiter zurückliegenden Teile durch leichteren Strich, das Herausarbeiten beleuchteter Kanten nicht durch eine volle Linie, sondern nur durch den Gegensatz der schraffierten Schattenfläche und der weißen beleuchteten Flächen der Zeichnung etwas Luftiges und Malerisches. Am besten vergewissert man sich durch eine Probe auf Pauspapier über die Wirkung der angedeuteten Technik, da ein Mißgriff in der Behandlungsweise die ganze mühsam konstruierte Perspektive verdirbt. Künstlerische Photographien vorhandener Gebäude können als Anhalt dienen.

53. Das Pausen.

a) Herstellung der Originalpausen.

Die Vervielfältigung einer Zeichnung kann geschehen, indem man von Hand Pausen auf Pauspapier oder Pausleinen herstellt, die man gleich den Originalen buntfarbig ausführen kann (vgl. Nr. 6 und 7).

Um ein sicheres Pausen zu ermöglichen, muß das Pausmaterial unverrückbar fest über die Urzeichnung gespannt sein, so daß weder Falten noch Wellen während des Durchzeichnens entstehen können.

Das Ausziehen muß recht langsam erfolgen, da die Tusche einige Zeit braucht, ehe sie auf dem fetten und glatten Pausmaterial haftet. Bei Pausleinwand ist die rauhe, stumpfe Seite für das Ausziehen bequemer. Korrekturen sind allerdings auf der Leinenfaser schwierig, deshalb zeichnen viele lieber auf der glatten Seite.

Für das Anlegen ist es beim Pauspapier gleichgültig, welche Seite gewählt wird. Bei Pausleinwand nimmt man stets die glatte Seite und reibt die Farbe etwas stärker ein, da sie transparent wirken soll. Allerdings kostet es einige Mühe, ehe man die Farben auf Pausen aufgebracht hat, da die glatten Flächen sich sehr spröde dagegen verhalten.

Um Pauspapier auch von ganz geringer Beschaffenheit für Tusche und Farbe empfänglicher zu machen, wird als erprobtes Mittel empfohlen, dasselbe mit einer Mischung von einem Teil farbloser Rindergalle (s. Nr. 32) und reichlich einem Teil Wasser zu überziehen; soll die Wirkung der Rindergalle noch erhöht werden, so setze man derselben statt Wasser unmittelbar vor dem Gebrauch eine dünne Gelatinelösung zu. Die Tusche bzw. die Farben laufen dann weder beim Ausziehen noch Anlegen zusammen noch auseinander, sondern das so zugerichtete Papier nimmt Tusche und Farbe gleichmäßig an, zumal wenn man auch diesen beim Anreiben Rindergalle zusetzt.

Dieselbe Wirkung erzielt farblose Rindergalle auch auf mangelhaftem, namentlich schlecht geleimtem Zeichenpapier.

Auch eine Beimischung von geschabter Seife zu den Farben gibt ähnliche Ergebnisse wie die Rindergalle. Das auf S. 13 erwähnte Pergament-Pauspapier ist auch ohne jede Vorbereitung zum Anlegen zu verwenden.

Bei Pausleinwand sind derartige Mittel nicht anwendbar, da die Leinwand dadurch vollständig wellig werden würde. Als Ersatz kann hier das trockene Einreiben der Leinwand mit Alaunpulver oder weißer Kreide angeführt werden und das Anhauchen der Leinwand bei kleinen Flächen, wodurch die Empfänglichkeit für Tusche und Farben erheblich erhöht wird. Bei Gebr. Wichmann, Berlin, und A. Martz, Stuttgart ist unter dem Namen Pauspapier- und Pausleinenpräparator „Piccolo“ eine Masse billig zu haben, mit der die Papierflächen überfahren werden, so daß die fettige und zu glatte Oberfläche verschwindet.

In der Auswahl der Farben beim Tuschen auf Pausleinwand muß man vorsichtig sein, da mehrere nicht durchscheinen,

z. B. Blau und Neutraltinte sind selbst bei dickster Einreibung nicht sichtbar zu machen. Also vorheriges Probieren ist zu empfehlen.

Zweifellos geht aber das Anlegen von Pausen mit Buntstiften leichter und schneller vonstatten als das mit nassen Farben und ist entschieden vorzuziehen.

Der Vollständigkeit halber sei hier auch noch das Verfahren zum Aufziehen von Pausen angegeben. Wenn man nicht die bereits gummierten Tauenrollenpapiere verwenden will, streiche man mit nicht zu dickem Leim oder noch besser mit Mehlkleister schnell und gleichmäßig den Karton, auf welchen die Pause geklebt werden soll, an, lege die Pause mit einem Rande auf die geleimte Fläche, halte den anderen Rand in die Höhe und lasse ihn langsam auf die bestrichene Fläche herunter, während ein Gehilfe von dem schon festliegenden Rande aus, der Bewegung des Herunterlassens sich anpassend, mit einer nicht zu scharfen Bürste das Pauspapier auf den Karton aufstreicht. Trotzdem entstandene Luftblasen werden aufgestochen, die Luft wird herausgepreßt und das Papier auf diesen Stellen nochmals fest angedrückt. Dann läßt man die aufgezogene Pause, gehörig beschwert, trocknen.

Auch ohne fremde Hilfe gelingt das Aufziehen von Pausen in höchst einfacher Weise, wenn man die Pause vorher auf eine Holzrolle wickelt, dieselbe dann, nachdem der Karton mit Klebstoff versehen ist, auf den Anfang des Kartons behutsam und richtig auflegt und dann langsam mit der einen Hand abrollt, während die andere die Pause glatt anstreicht.

b) Herstellung der Lichtpausen.

Die unter a) besprochene Art der Vervielfältigung von Zeichnungen ergibt zunächst immer nur eine Kopie. Von den meisten technischen Zeichnungen müssen aber Vervielfältigungen in größerer Anzahl hergestellt werden (z. B. für Baupolizei, Vertragsschluß, Bauherr, Unternehmer, Werkstatt usw.). Das wiederholte Pausen von Hand wäre hierfür zu schwerfällig, zu teuer und viel zu langsam. So werden die erforderlichen Kopien bequemer als Lichtpausen von einer wie oben beschrieben angefertigten Originalpause gewonnen.

Allerdings können für das Lichtpausverfahren farbig behandelte Originale nicht verwendet werden. Die Zeichnung ist vielmehr nur mit tiefschwarzer Tusche oder tiefschwarzem Blei auf Pauspapier oder Pausleinen herzustellen.

Die Darstellung einer oft zu vervielfältigenden Entwurfszeichnung muß also von vornherein auf diese Technik Rücksicht nehmen (vgl. Nr. 52 und 55b).

Die Lichtpausen werden ähnlich wie photographische Kopien angefertigt. Die Originalpause wird mit der bezeichneten Seite nach vorn auf eine Glasplatte in einem Rahmen gelegt. Darüber kommt das lichtempfindliche Papier für die Pause und dann werden beide Bögen durch einen mit Filz bezogenen Holzdeckel, der von kräftigen Federn gehalten wird, fest gegen die Glasscheibe gepreßt. Nunmehr wird der Apparat dem Tageslicht oder dem elektrischen Licht ausgesetzt. Durch die chemische Veränderung der vom Licht getroffenen, nicht durch schwarze Linien vor den Strahlen geschützten Fläche wird die Kopie erzeugt. Die Pause wird dann herausgenommen und in mehrfach zu wechselndem Wasser, das dabei bläulich wird, abgespült. Sobald sich das Wasser nicht mehr färbt, ist die Kopie gut und kann getrocknet werden.

Die richtige Belichtungsdauer ist durch Probieren festzustellen. Man kopiere recht kräftig, damit auch die feinsten Linien noch voll erscheinen und nicht etwa beim Abwaschen, oder wenn später die Kopien blasser werden, wieder verschwinden.

Je nach Art des verwendeten Lichtpauspapieres stehen die Striche entweder dunkelviolett auf weiß, positiv, für Architekturzeichnungen oder weiß auf blau oder braun, negativ, für Bauingenieur- und Maschinenzeichnungen.

Die negativen sogenannten Blaupausen sind billiger als die positiven Weißpausen.

Für Lichtpausen, die viel benutzt werden oder mit denen voraussichtlich wenig schonend umgegangen wird, verwendet man auf Leinwand gezogenes Kopierpapier (für Baupolizeizeichnungen vorgeschrieben).

Das lichtempfindliche Papier wird in geschlossenen Papperollen geliefert. Wenn es nur selten und in kleinen Mengen gebraucht wird, so verdirbt die angerissene Rolle mit der Zeit.

Man kann sich in diesem Fall das negative Blaupapier (auch für photographische Kopien brauchbar) in der gerade erforderlichen Menge einfach selbst herstellen. Die ganze Arbeit erfolgt bei Lampenlicht. Zwei Lösungen:

I. 9 g rotes Blutlaugensalz in 100 ccm destillierten Wassers,

II. 25 g zitronensaures Eisenoxydammoniak in 100 ccm destillierten Wassers, werden zu gleichen Teilen gemischt. Die Mischung wird filtriert und mit dem Pinsel auf glatt gespanntes Zeichenpapier gut verteilt aufgetragen. Das Papier wird im Dunkeln getrocknet und muß vor Licht und Feuchtigkeit geschützt werden.

Umfangreiche praktische Anleitung für allerlei sonstige Kopier- und Lichtpausverfahren bieten die photographischen Heftchen der „Miniaturbibliothek", Verlag A. O. Paul, Leipzig.

Bei Gebr. Wichmann, Berlin ist lichtempfindliche Flüssigkeit zur Herstellung von Blaupapier fertig zu haben.

Mit einer Lösung von Kaliumoxalat in Wasser sind auf Blaupausen weiße Korrekturen oder Schrifteintragungen vorzunehmen. Die in Abschn. I genannten Zeichenmaterialgeschäfte führen solche Korrekturtinten außer für Blaupausen auch für Positivpausen zum Entfernen der dunklen Striche von dem weißen Grund.

Für große Pausen reicht der weiter oben schon beschriebene Kasten nicht aus. Er würde zu schwer und unhandlich werden. Man hat dafür Lichtpausapparate konstruiert. Der Rahmen ruht um eine Achse drehbar in einem Gestell, so daß er bequem in die günstigste Lage zu den Lichtstrahlen gebracht werden kann. Die Glasscheibe ist gewölbt. Das Anpressen der Papiere erfolgt durch eine Zellstoffdecke, die um eine oberhalb des Rahmens angebrachte Welle gewickelt wird und sich dadurch fest gegen das gekrümmte Glas legt. Auch zerknitterte Originalpausen ergeben durch dies glatte Anpressen noch scharfe Kopien. Solche Apparate werden von allen größeren Fachgeschäften für Zeichenbedarf geführt. Besonders sei hier auf den „Hansa"-Lichtpausapparat von E. Heckendorf, Berlin SO. 26, hingewiesen. Bei diesem ist die schwere und leicht gefährdete Glasscheibe durch eine Zelluloidscheibe ersetzt. Die Scheibe wölbt sich entgegengesetzt wie bei Glas über einer Unterlage nach vorn und preßt beim Anziehen der Spannvorrichtung die Zeichnungen an die Auflagefläche. Der Apparat zeichnet sich vor anderen durch geringes Gewicht, leichte Handhabung und Billigkeit aus. Er ist vor Feuchtigkeit sorgfältig zu schützen. Auf gutes Funktionieren der Spannvorrichtung ist zu achten.

Wo es sich um gute Vervielfältigungen in größerer Auflage handelt, kommen die Trockenkopierverfahren in Frage.

Das Gisalverfahren der lithographischen Anstalt von Bogdan Gisevius, Berlin W. 57, patentiert, ist als billig, schnell und schön für mannigfache technische Zwecke sehr zu empfehlen. Als Trockenverfahren gewährleistet es unbedingt genaue Wiedergabe, da sich die Blätter nicht verziehen.

Im wesentlichen beruht das Verfahren darauf, daß das in tiefschwarzen Strichen auf weißem oder bläulichem Pauspapier oder -leinen oder auf weißem Zeichenpapier bis zu $^1/_3$ mm Stärke hergestellte Originalbild vermittels elektrischen Lichtes unmittelbar druckfertig und in natürlicher Größe auf eine eigens präparierte Aluminiumplatte, die später als Druckplatte dient, übertragen wird.

Ein ähnliches gutes Trockenkopierverfahren ist der Trockendruck „Lineamenta“ von Reiß Liebenwerda, mit dem ebenfalls in gut deckender schwarzer Tusche gezeichnete Originale auf Zeichen- oder Pauspapier, auch vergrößert oder verkleinert, scharf und klar wiedergegeben werden können.

Originale mit farbigen Linien und Flächen sind für diese Druckverfahren im allgemeinen nicht geeignet.

54. Das Vergrößern und Verkleinern der Zeichnungen.

Abgesehen von den in Nr. 45 angegebenen Apparaten, auf deren Genauigkeit aber nur bei den besseren Sorten zu rechnen ist, lassen sich die Vergrößerungen und Verkleinerungen von technischen Zeichnungen in verschiedener Weise ausführen.

Das umständlichste und deshalb gerade nicht empfehlenswerte Verfahren besteht darin, daß der Zeichner jedes Maß der zu reduzierenden Zeichnung auf dem zu derselben gehörigen Maßstabe abgreift, die abgelesene Länge dem Maßstab der zu reduzierenden Zeichnung entnimmt und alsdann aufträgt.

Eine Erleichterung gewährt hierbei die Anwendung eines Reduktionsmaßstabes, der in folgender Form bequem zu gebrauchen ist. Es soll z. B. eine Zeichnung auf Dreiviertel ihres Maßstabes gebracht werden. Man zeichne dann auf Millimeterpapier ein rechtwinkliges Dreieck, dessen Katheten parallel den Teilungslinien des Papiers laufen, deren eine drei, deren andere vier beliebige Längeneinheiten enthält. Eine aus der Zeichnung abgegriffene Länge trage man dann vom Scheitel des spitzen Winkels aus auf der längeren Kathete ab. Die in dem Endpunkte der eben aufgetragenen Länge auf der Kathete senkrechte und durch die Hypotenuse begrenzte Linie ist dann das (auf Grund ähnlicher Dreiecke) verkleinerte Maß. Dasselbe wird hinlänglich genau durch Abgreifen mit dem Zirkel erhalten, ohne daß die Linie wirklich an der Schiene gezogen zu werden braucht, weil das Auge an der vorhandenen Linienteilung genügenden Anhalt findet.

Nach demselben Grundsatz geschieht mit Hilfe der Diagonale auch die Veränderung eines bestimmten Bogenformates bei gleichbleibendem Verhältnis der Seiten.

Am schnellsten geht das Reduzieren von Zeichnungen bei Anwendung der in Nr. 35a beschriebenen Reduktionszirkel, deren Anschaffung trotz des hohen Preises dem Zeichner zu empfehlen ist, wenn er viel auf diesem Gebiete zu arbeiten hat.

Zeichnungen mit zahlreichen unregelmäßigen Linienzügen, wie Landkarten, Höhenschichtenpläne usw., aber auch Architektur-darstellungen werden für die Reduktion mit einem quadratischen Liniennetz überzogen. Die Zeichenfläche, in der die Reduktion angefertigt werden soll, wird mit einem um das Reduktions-verhältnis veränderten Quadratnetz versehen. Dann lassen sich die in den einzelnen Quadraten befindlichen Zeichnungsflächen dem Verhältnis entsprechend mit Leichtigkeit in die reduzierten Quadrate übertragen. Die Durchführung dieses Zeichnens nach dem Netzverfahren ist als Übung für das Auge sehr nützlich. Es wird z. B. beim Auftragen von Wandgemälden nach dem Karton, wo der Unterschied zwischen beiden Bildformaten besonders groß ist, stets verwendet.

Ein außerordentlich bequemes Mittel zum Reduzieren bietet der in Nr. 45 angegebene Rechenstab. Nachdem das betreffende Verhältnis mit dem Schieber eingestellt ist, wird der mit dem Rechenstab verbundene Anlegemaßstab an eine Linie der Zeich-nung gelegt, um deren Länge von ihm in wahrer Größe abzulesen; jetzt wird auf dem Schieber das reduzierte Maß aufgesucht und dann die Linie auf der neuen Zeichnung wiederum am Anlege-maßstab in der soeben erhaltenen wahren Länge aufgetragen. Dies Verfahren bietet jedenfalls mehr Gewähr für Genauigkeit, als das zuerst beschriebene mit Anwendung des Zirkels.

Unter Umständen kann bei geradlinig begrenzten Figuren folgende Konstruktion schnell zum Ziel führen. Man nehme in einiger Entfernung von dem zu reduzierenden Bilde einen Pol an und ziehe von demselben nach jedem Endpunkt der Figur einen Strahl. Die Länge eines derselben reduziere man dann in dem gegebenen Verhältnis, trage die so erhaltene Länge auf den Strahl von dem Pol aus ab und ziehe, bei diesem Endpunkt beginnend, zwischen den betreffenden Strahlen Parallelen zu den Linien der Urfigur. Auf diese Weise wird das reduzierte Bild ohne großen Zeitaufwand und mit ausreichender Genauigkeit erhalten.

55. Die Darstellung der wichtigsten in technischen Zeichnungen vorkommenden Baustoffe und Kulturen.

Es würde bei weitem über das diesem Büchlein gesteckte Ziel gehen, wenn hier eine genaue Wiedergabe der für die verschiedenen Zweige der Technik von den Behörden erlassenen Vorschriften erfolgte. Die folgenden Angaben über die allgemeinüblichen Darstellungsweisen sollen dem Zeichner nur einen stützenden Anhalt bieten. Selbstverständlich wird er bei exakten behördlichen Eingaben stets die einschlägigen Bestimmungen zu Rate ziehen müssen.

Die hauptsächlichsten Vorschriften für die Anfertigung und Ausstattung von Bauzeichnungen, Maschinenzeichnungen und Vermessungszeichnungen sind in Abschn. IV, Nr. 62—64 genannt.

Die farbige Behandlung kommt für Bauzeichnungen und Vermessungszeichnungen in Frage. Maschinenzeichnungen werden nur in schwarzer Darstellung ausgeführt, ebenso Druckzeichnungen bei Anmeldung von Erfindungen.

a) Die farbige Darstellung.

Im folgenden bezieht sich der Farbenton, wenn nichts besonderes erwähnt wird, auf die in der Schnittfläche dargestellten Teile. Ansichtsflächen sind mit derselben Farbe aber heller anzulegen, vorausgesetzt, daß man sie überhaupt farbig behandelt.

Es ist bei bautechnischen Quer- oder Längsschnittzeichnungen durchaus nicht nötig, die Ansichtsflächen z. B. der Hölzer oder Wände noch anzulegen.

Es wird dargestellt:

Holz in der Ansicht gelb (ungebrannte Terra di Siena oder eine Mischung von Karmin und Gummigutti), im Schnitt gelblich rot (gebrannte Terra di Siena);

Ziegelmauerwerk rötlich (Indischrot oder eine Mischung von gebr. Terra di Siena und Karmin mit ein wenig Neutraltinte);

Werksteinmauerwerk aus Sandstein graugelblich (Neutraltinte mit ungebrannter Terra di Siena), aus Granit graubläulich (Neutraltinte mit Preußischblau);

Beton in der Ansicht grau (Neutraltinte), im Schnitt kräftiger und bei großem Maßstab mit Einzeichnung der kantigen Steine in derselben Farbe;

Asphalt dunkelbraun (Sepia natürlich);

Erde und gewachsener Boden braun (Sepia colorée), an der Oberfläche kräftig;

Kies in der Ansicht gelb (Gummigutti), im Schnitt dunkler und mit dunklen Punkten;

Ton blaubräunlich (Neutraltinte mit etwas Sepia natürlich);

Tonröhren braun (gebrannte Terra di Siena);

Schieferplatten bläulich (Indigo mit etwas chinesischer Tusche, leicht aufgetragen);

Schmiedeeisen blau (Preußischblau);

Gußeisen grau (Neutraltinte);

Stahl und Flußeisen violett (Magenta oder Mischung von Neutraltinte und Karmin);

Messing gelb (Chromgelb dunkel);

Bronze orange (Chromgelb dunkel und Karmin);

Kupfer karmin;

Quecksilber (Silber);

Blei hellblau;

Zink hellgrün;

Glas, Porzellan, Isolation blaßgrün.

In Lageplänen werden angelegt:

Straßen, gut befestigt und breit, karmin;

Landstraßen, Wege, Parkwege, ungepflasterte Dorfstraßen, Erddämme, Schießstände braun (Wegebraun);

Eisenbahnen und Eisenbahnbauten Magenta;

Neue Grenzlinien und Grenzmale karmin (Tusche), farbig angelegt desgleichen;

Eigentumsgrenzen Gummigutti, farbig angelegt desgleichen;

Kartenblattgrenzen Magenta;

Messungs- und Quadratnetzlinien, Punkte, Nummern und Benennungen der trigonometrischen und polygonometrischen Punkte karmin;

Ackerland Ackerbraun;

Gärten, Feldgärten und Friedhöfe Gartengrün;

Wiesen, Torfstiche, Moorflächen, Böschungsflächen Hutungsgrün.

Nasse Wiesen, nasser Boden, Sümpfe grün mit blauen Wasserstrichen;

Wasserflächen und Wasserläufe hell Preußischblau;

Laubwald blauviolett (Laubwaldfarbe);

Nadelwald braun (Nadelwaldfarbe);

Mischwald grauviolett (Mischwaldfarbe);

Sand und Kies hellorange mit Punktierung;

Steinbrüche, Dünen, Mergel-, Lehm-, Sand-, Kiesgruben gelb (Gummigutti);

Heide hellorange;

Gebäude, bestehende, schwarz (chinesische Tusche), geplante rot (Karmin);

Massive Stadtviertel, Bahnen, Felswege, Kurven der Steindämme, Hanberge karmin;

6*

Steinbauten, Steinbrücken, Leuchttürme Zinnober;

Höfe der Gehöfte, ungepflasterte Plätze in Ortschaften hellorangegelb.

Sämtliche Kulturen werden in ihrer Farbe mit Rändern gewissermaßen Schattenstrichen versehen, die so anzuordnen sind, daß das Licht von links oben kommend angenommen wird. Diese Ränder werden am saubersten, wenn sie mit der breit geöffneten Ziehfeder gezogen werden.

Bei Gleisplänen sind anzulegen:

die Gleise dunkelblau (Ultramarin);

das Planum hellrot (Karmin);

Gebäude dunkelrot (Karmin);

Perrons, Rampen, Drehscheiben usw. hellgelb (Gummigutti).

Böschungen werden überall mit einer graugrünen, nicht zu grellen Farbe abgetönt, entweder (das Gewöhnlichere) die höchsten Stellen am dunkelsten oder unter Annahme eines in gewisser Richtung einfallenden Lichtstrahles nach den Gesetzen der Schattenlehre. Will man Einschnitt- und Auftragsböschungen unterschieden, so wird für Einschnitt braun, Auftrag grün gewählt.

In Längenprofilen wird bezeichnet:

Erde braun in der schon angegebenen Weise (Anlegen mit Kaffee ist hier zu empfehlen);

Die Trassenlinie rot (Zinnober);

Bauwerke in Stein rot (Zinnober), in Eisen blau (Preußischblau);

Abtrag graublau (chinesische Tusche mit Preußischblau oder Indigo);

Auftrag hellrot (Karmin).

Alle bestehenden Gebäude, Wege, Wasserläufe, Böschungen usw. in Zeichnungen sind mit schwarzen Linien, alle projektierten mit roten (Zinnober) Linien zu umziehen (letzteres natürlich erst nach erfolgtem Anlegen); dementsprechend wird auch die Schrift, welche sich auf bestehende Anlagen bezieht, schwarz eingetragen, während geplante Anlagen rot beschriftet werden.

b) Die schwarze Darstellung.

Die besondere Wichtigkeit der schwarzen Darstellung ist in Nr. 53 bereits dargelegt, vgl. auch Nr. 62 und 63.

Die der Zeichenfläche parallelen Ansichtsflächen bleiben weiß oder werden nach Art der Federzeichnungen behandelt (z. B. Holz mit Maserung versehen, Werkstein dem Charakter seines Gefüges und der Bearbeitungsart entsprechend mit Strichen und Punkten belebt). Bei letzterer Methode hüte man sich sehr davor zu viel zu tun, da sonst die Klarheit der Darstellung leidet.

Mit der Zeichenebene einen Winkel bildende Flächen können leichte Schraffur erhalten oder mit verdünnter schwarzer Tusche angelegt werden (z. B. Figuren der darstellenden Geometrie, vgl. Darstellende Geometrie von Ph. Lötzbeyer, Verlag Ehlermann, Dresden). Über die Behandlung gekrümmter Flächen vgl. Nr. 52.

Die Schnitte werden durch verschiedene Schraffuren gekennzeichnet, in der Regel durch eine unter 45° von links unten nach rechts oben gehende. Die vereinfachte schraffierte Darstellung von Maschinenzeichnungen mit Stückliste ist in Nr. 52 bereits besprochen (vgl. Tafel II). Im übrigen können für Schraffuren noch folgende Angaben gemacht werden.

Es wird dargestellt im Schnitt:

Holz durch Einzeichnung der Jahresringe, der Kern- und Haarrisse;

Mauerwerk in Ziegel durch Schraffur in ganzen Linien, in Bruchstein durch Schraffur in gestrichelten Linien;

Beton durch stellenweise Einzeichnung der Steine und dann erfolgende Schraffur der leeren Stellen mit größeren Zwischenräumen als für Mauerwerk;

Asphalt- und Zementschichten durch sehr enge Schraffur;

Erde durch Charakterisierung mit der Zeichenfeder nach verschiedenen Methoden. (Hier ist darauf aufmerksam zu machen, daß ein gewisses Streichen der Erdschichten nach derselben Richtung einzuhalten ist, und daß mit möglichst wenigen zweckmäßig verteilten Strichen die beabsichtigte Wirkung erreicht werden kann.)

Kies durch Punkte;

Schmiedeeisen durch einfache gleichmäßige Schraffur;

Gußeisen durch Schraffur, bei der die Zwischenräume schmaler als die Striche sind oder in gestrichelten Linien;

Stahl durch Schraffur, bei der schwache Linien mit starken abwechseln;

Messing durch Schraffur in abwechselnd gestrichelten und ganzen Linien;

Blei durch gekreuzte Schraffur.

In Lageplänen werden bestehende Gebäude mit Schraffur in ganzen, geplante mit solcher in gestrichelten Linien versehen.

Die Kulturen werden durch besondere Merkzeichen kenntlich gemacht:

Wasser durch je zwei bis drei den einfassenden Uferlinien parallel laufende Striche, deren Abstände mit der Entfernung vom Ufer zunehmen;

Garten durch Gebüschgruppen;

Wald durch Einzeichnung der betreffenden Baumarten.

Böschungen werden durch Schraffur, deren Zwischenräume vom höchsten Punkte abwärts stetig zunehmen oder Bergstrichmanier angedeutet. Über weitere Angaben über topographische Zeichen und Abkürzungen siehe die Musterblätter der Preußischen Landesaufnahme (vgl. Tafel III).

In Längenprofilen wird Auftrag durch senkrechte, Abtrag durch horizontale Schraffur dargestellt.

Das Bestehende wird in ganzen Linien ausgezogen, das Geplante in gestrichelten.

Jeder Lageplan muß Maßstab, Nordpfeil, Flußrichtungen, eingeschriebene Maße und Unterschrift erhalten. Die namentlich früher üblichen Umrahmungen mit Strichen sind besser zu vermeiden.

56. Das Verbessern.

Sehr häufig wird der Zeichner in die Lage versetzt, Verbesserungen oder Änderungen an der gefertigten Zeichnung vorzunehmen, wenn er sich im Ausziehen oder beim Tuschen geirrt hat, wenn nachträgliche Änderungen des Entwurfes noch Änderungen in den fertigen Zeichnungen verlangen, oder wenn Flecke irgendwelcher Art in die Zeichnung gekommen sind. In vielen dieser Fälle wird aus Unkenntnis die betroffene Zeichnung verworfen und mit großem Zeitverlust eine neue gefertigt, obgleich sich der Fehler oft noch mit geringer Mühe beseitigen läßt, vorausgesetzt allerdings, daß das Zeichenpapier von guter Beschaffenheit ist.

Zeichnungen, die nicht getuscht, sondern nur in Strichmanier hergestellt sind, bieten hierbei die wenigsten Schwierigkeiten. Die Stellen, in denen sich Irrtümer oder Flecke befinden, werden vorsichtig mit einem guten, scharfen Radiergummi oder mit einem Radiermesser entfernt, das aufgerauhte Papier geglättet (vgl. Nr. 15) und dann die richtigen Linien eingezeichnet. Um fehlerlose Stellen nicht mit wegzuradieren, empfiehlt es sich, in ein Stück Zeichenpapier eine Öffnung von der Größe der fehlerhaften Stellen zu schneiden, dasselbe aufzulegen und dann in dem Ausschnitt zu radieren. Beim Nachziehen der Striche ist Vorsicht geboten und ein sorgfältiges Einstellen der Ziehfeder auf die Strichbreiten erforderlich.

Das Wegnehmen einzelner Linien, die z. B. bei graphostatischen oder perspektivischen Zeichnungen in einem Gewirr anderer sich befinden, wird unter völliger Schonung der letzteren mit der Zirkelspitze sicher erreicht, freilich nicht zum Vorteile des Zirkels. Empfehlenswert ist für diesen Zweck das sogenannte nasse Radieren. Man überfährt den zu entfernenden Strich mit einem nassen Pinsel, fängt das Wasser mit Fließpapier ab und radiert dann vorsichtig mit einem recht weichen Gummi über den Strich; hierdurch lösen sich die obersten Papierteilchen an den feuchten Stellen mit der Tusche ab, während die danebenliegenden Teile unberührt bleiben.

Mühsamer ist das Ausbessern von getuschten Zeichnungen.

Wer keine Übung im Retouchieren hat, kommt am sichersten zum Ziel, wenn er die getuschte Fläche, die der Ausbesserung bedarf, in ihrer ganzen Ausdehnung, d. h. bis zu den nächsten, sie völlig umschließenden, schwarzen Strichen hin mit dem Gummi entfernt und sich hierfür ebenfalls der schon oben angeführten Radierschablone bedient, deren Öffnung der Fläche genau entsprechen muß. Nach dem Radieren bestreiche man die Fläche mit Alaunlösung und suche durch wiederholtes Überlegen blasser Töne die Farbe der Nachbarteile zu erreichen.

Für einen gewandten Zeichner ist es am bequemsten, nur den betreffenden Fleck oder Strich mit Gummi oder Messer usw. zu entfernen und dann mit ziemlich trockenem Pinsel und durch wiederholtes Auftragen eines ganz matten Tones die Stelle, ihrer Umgebung entsprechend, zu tönen.

Wenn für umfangreiche Änderung einer Zeichnung nur noch geringe Zeit zur Verfügung steht, wenn also z. B. dienstliche Termine einzuhalten sind oder Wettbewerbsfristen ablaufen und dabei die wiederherzustellenden Flächen sehr groß sind, so daß beim Entfernen viel Zeit verlorengehen würde, so gibt folgendes Verfahren immerhin noch eine anständige Zeichnung.

Man lege die Zeichnung unverrückbar fest auf ein Stück Zeichenpapier, das genau dieselbe Beschaffenheit wie das für die Zeichnung verwendete hat und etwas größer als die auszubessernde Figur ist, und schneide mit einem scharfen Messer die Umrisse der letzteren nach, so daß auch das untenliegende Papier durchschnitten wird. Dadurch erhält man ein Stück Papier kon-

gruent der ausgeschnittenen Figur, welches genau in die Öffnung
paßt. Man lege es in die Öffnung hinein, verklebe die Schnittnarben von unten mit Papierstreifen und zeichne nun das Bild
in richtiger Weise noch einmal auf das eingeklebte Stück. Die
sichtbaren Ränder zwischen der Zeichnung und der eingeklebten
Figur nehmen dann die Stelle der mit Tusche ausgezogenen Grenzlinien ein. Wenn es aus irgendwelchen Gründen nicht möglich ist,
das auszuschneidende Stück bis an die nächsten Grenzlinien aus-
zudehnen, wenn also nachher die Schnittnarben mitten in freie
Flächen fallen, läßt sich noch Rat dadurch schaffen, daß man die
Narben mit einem Kitt aus Talkum und Eiweiß sorgfältig aus-
streicht.

Bei einigermaßen praktischem Sinn, den man jedem Techniker
zutrauen muß, gelingen diese Verfahren recht gut und die Ausbesserung ist bei oberflächlichem Anblick kaum zu bemerken.

57. Die Schrift.

Zum schönsten Schmuck einer Zeichnung gehört die Schrift,
und es ist zu bedauern, daß so oft nur geringer Wert darauf
gelegt wird.

Die Schrift soll sich der Zeichnung anpassen, ihrem
Charakter, ihrer Größe, der Wichtigkeit der einzelnen
Darstellung entsprechen. Auf ausreichenden Platz
für Über- und Unterschrift, Tabellen u. dgl. ist schon
bei der Einteilung des Bogens Rücksicht zu nehmen
(vgl. Nr. 48).

Es gibt vielerlei Schriftarten, römische, mittelalterliche und
Renaissanceschriften, Druck- und Kartenschriften, Bandschriften
mit Grund- und Haarstrich und Schnurschriften mit gleichbleibendem Strich. Auf alle Einzelheiten kann hier nicht ein-
gegangen werden. Es wird dafür auf die Vorlagehefte von
F. Ashelm, Berlin verwiesen. Zeichner, denen die Begabung für
Herstellung besonderer Zierschriften versagt ist, und Liebhaber,
die nicht zuviel Zeit aufwenden können, bedienen sich vielfach der
Rundschrift, die nach den von Soennecken herausgegebenen
Heften leicht zu erlernen ist. Jeder Laie, auch mit der schlechte-
sten Handschrift, ist nach kurzer Übung imstande, eine Rundschrift
zu schreiben, deren er sich auf der Zeichnung nicht zu schämen
braucht.

Die Rundschrift wird mit der Rundschriftfeder von Soennecken oder Heintze & Blankertz geschrieben. Je nach Breite
der Federn unterscheidet man die Nummern 1 (breit) bis 6 (schmal)

und besonders breite 1 A bis 1D. Von Federn Nr. $3^1/_2$ an ist die Benutzung einer Überfeder als Tintenträger zu empfehlen. Die Feder hält dann eine bedeutend größere Menge Tusche. Es ist darauf zu achten, daß die Tusche nur zwischen der Überfeder und dem Rücken der Feder eingebracht wird und die Unterseite frei bleibt, da sonst die Haarstriche dick werden.

Für Zeichnungen, die in sehr großem Maßstab gezeichnet oder in sehr matten Farben angelegt sind, empfiehlt es sich, die Doppelfeder anzuwenden, da die Schrift mit vollen Federn wegen ihrer breiten, schwarzen Striche hierbei zu sehr auffallen würde.

Neben der Rundschrift, die leicht kalt und ausdruckslos wirkt, eignet sich auch, besonders für kräftig ausgezogene Zeichnungen rein technischer Natur — für Architektur- und Ornamentzeichnen wird von Fall zu Fall eine besondere Schrift zu wählen sein — die gerade oder schräge Blockschrift mit gleichstarkem Strich. Diese Schriftart hat vor anderen, bei denen Grund- und Haarstriche auftreten, den Vorzug, daß bei Lichtpausen (auch bei falsch belichteten) sowie bei Verkleinerungen in Druck oder Photographie alle Linien deutlich erscheinen.

Zeichnern, denen schräge Schrift gut liegt, wird besonders die schräge Blockschrift empfohlen. Sie hat gegenüber der geraden Schrift mehr Leben, und gelegentliche Abweichungen von der angenommenen Schrägen stören nicht so sehr wie Abweichungen von der Senkrechten (vgl. Musterblatt I und II).

Ursprünglich wurde die Blockschrift mit dem Quellstift, einem zugespitzten weichen Holzstab, der in Tusche oder Skribtol getaucht, einen gleichmäßigen Strich ziehen läßt, geschrieben. Jetzt bedient man sich der „Redis“-Feder von Heintze & Blankertz. Diese hat an der Spitze eine kleine flache Scheibe. Die Tusche wir durch eine Überfeder gehalten. Die Breite der Scheibe ist verschieden, je nach Größe der Schrift.

Der Normenausschuß der Deutschen Industrie benutzt für Maschinenzeichnungen die schräge Blockschrift ausschließlich. Er hat, um die für große Betriebe wertvolle Gleichmäßigkeit zu wahren und auch um dem ungeübten Schriftzeichner eine einwandfreie, schöne Beschriftung seiner Arbeiten zu ermöglichen, besondere Schriftschablonen für schräge Blockschrift herstellen lassen.

DIN 16, Bl. 1 und 2 gibt die Schrift in verschiedenen durch Verdoppelung anwachsenden Höhen (vgl. auch DIN Buch 8, Zeichnungsnormen). Auf Verkleinerungen von $^1/_2$ oder $^1/_4$ kann infolgedessen noch weitere Schrift mit der Schablone im richtigen Maßstab angebracht werden. Für 5, 7, 10, 14, 20 mm

Schrifthöhe sind Schablonen vorhanden. Dazu Bahrs Normograph für alle Schriftgrößen, bestehend aus Schablonen von Zelluloid, Federn und hölzernem Schablonenhalter zum Anlegen an die Schiene.

Die mit der „Redis“-Feder wirklich geschriebene Schrift wirkt infolge der persönlichen Eigenheiten der Handschrift stets reizvoller als Schablonenschrift. Sie ist vorzuziehen, wo es sich nicht um Massenarbeiten handelt. Übungshefte für Blockschrift von F. Ashelm, Berlin.

Für anders geformte Schnurschriften sind vorteilhaft auch Schreibröhrchen aus Glas zu benutzen.

Als dritte für technische, besonders Architekturzeichnungen gut brauchbare Schrift sei noch die mit der „Ato“-Feder hergestellte Laufschrift genannt. Auch hierfür sind Übungshefte vorhanden.

Für Formen und Größenabstufungen der Schriften auf topographischen Darstellungen sei auf die obenerwähnten Musterblätter der Landesaufnahme verwiesen.

Bei der Beschriftung tut der Anfänger gut, nachdem er die Größe der Schriften im richtigen Verhältnis zu ihrer Bedeutung gewählt hat, sich Hilfslinien in Blei vorzuziehen: horizontale, um eine gerade Zeile und richtiges Verhältnis zwischen großen und kleinen Buchstaben, vertikale, um einen Anhalt für die senkrechten Striche zu haben. Sodann sind die betreffenden Worte in Blei leicht hinzuschreiben, um die Länge der Schrift zu erhalten und danach Raum und Stellung auf der Zeichnung zu bemessen. Auf guten „Schluß“ zusammengehöriger Worte ebenso wie auf klare Trennung untereinander verschiedener Angaben ist besonders zu achten. Längere Schriftsätze müssen mit möglichst gleich langen Zeilen in geschlossener Fläche auf der Zeichnung untergebracht werden.

Um die Liniennetze für die verschiedenen Schriftgrößen zeichnen zu können, trägt man sie alle nacheinander auf einen Papierstreifen auf. Dieser dient dann durch Anlegen als Schablone, nach deren Punkten man die Linien schnell an der Reißschiene ziehen kann.

Wie auf die Buchstaben, so ist auch auf sorgfältig geschriebene klare Zahlen besonderer Wert zu legen. Man benutzt dazu eine gewöhnliche Stahlfeder oder Kugelspitzfeder (EF). Die Maßzahlen werden in eine Lücke der Maßlinie oder in kleinem Abstand über die voll durchgezogene Maßlinie gesetzt. Die letztere Art wird besonders von den Maschinentechnikern bevorzugt.

Schrift- und Zahlenreihen an vertikalen Linien sollen alle von der rechten Seite gesehen, von unten nach oben lesbar sein, um ein Hin- und Herwenden des Blattes beim Lesen zu vermeiden.

58. Das Reinigen.

Vor dem Tuschen ist die Zeichnung entweder naß abzuwaschen oder mit weichem Gummi abzureiben, da sonst die Farben auf den unsauberen Flächen unklar werden.

Nach dem Tuschen und dem Aufbringen der Schrift wird es noch einmal nötig, eine Reinigung vorzunehmen, um den Staub, der sich inzwischen noch aufgesetzt hat, von den weißen Flächen zu nehmen und die für die Schrift nötig gewesenen Bleilinien zu entfernen. Hierzu ist ein sehr weicher Gummi zu verwenden, und es ist außerdem darauf zu achten, daß die getuschten Flächen nicht überrieben werden.

Vor dem Abschneiden endlich ist eine letzte Reinigung mit Handschuhabfalleder sehr zu empfehlen. Mit diesem Material reibe man nochmals die Zeichnung, auch die getuschten Flächen, ordentlich ab. Das fein zerteilte Leder nimmt jeden Schmutz von dem Blatte, setzt sich in die beim Zeichnen, namentlich durch das Radieren, aufgerissenen Papierporen und verleiht der ganzen Zeichnung ein zartes, sauberes Aussehen.

59. Das Entfernen von Flecken.

Tinten-, Farb- und Tuschflecke werden je nach Ausdehnung durch Waschen oder Radieren mit Gummi oder Messer beseitigt. Der Gummi soll nicht mit dem Munde angefeuchtet werden.

Fettflecke, deren Vorkommen schon eine schlechte Empfehlung für den Zeichner ist, lassen sich aus gutem Papier bei sorgsamer, unermüdlicher Behandlung durch folgende Mittel entfernen.

Man rühre einen Brei von gebrannter Magnesia und Benzin zusammen, streiche denselben mit einem Pinsel von der Rückseite der Zeichnung aus auf den Fettfleck und fahre mit dem Aufstreichen so lange fort, bis der Fleck verschwunden ist. Das Benzin löst das Fett auf und die gebrannte Magnesia saugt es begierig an.

Nach einem anderen Verfahren lege man ein weiches Fließpapier über den Fleck und fahre vorsichtig mit einem heißen

Plätteisen darüber; das erwärmte Fett geht dann in das Fließpapier über. Man gehe aber mit dem getränkten Fließpapier
behutsam um, da bei Unachtsamkeit dadurch neue Fettflecke
auf der Zeichnung entstehen können.

Petroleumflecke sind sehr leicht zu beseitigen, indem man die
betreffende Stelle des Blattes erwärmt; es geschieht dies am
zweckmäßigsten seitwärts des Zylinders einer brennenden Lampe,
nicht darüber, da hierbei die Gefahr des Ansengens nahe liegt.
Das erwärmte Petroleum wird sich alsbald verflüchtigen.

Fettflecke im Holz des Reißbrettes oder des Zeichentisches
werden durch Auflegen von Ton leicht entfernt.

60. Das Abschneiden.

Geübte Zeichner schneiden die Zeichnungen mit einem scharfen
Taschenmesser aus freier Hand nach vorgezogenen Bleistrichen
ab. Zur sicheren Führung bediene man sich eines eisernen Lineals,
nicht etwa der Reißschiene, die leicht dabei zerschnitten wird.
Da eiserne Lineale teuer sind, so dürfte der in Nr. 33 beschriebene
Papierschneider wohl zu empfehlen sein. Mit einer Schere wird der
Schnitt selten ganz gerade.

Um bei aufgeklebtem, straff gespanntem Bogen ein Einreißen
zu verhüten, ist es zweckmäßig, zuerst zwei parallele Seiten zu
schneiden. Außerdem empfiehlt es sich, mit der Hand an gefährde-
ten Stellen dem Reißen vorzubeugen.

Durchaus sicher wird das Einreißen verhütet, wenn man an
einer Stelle außerhalb der Begrenzungslinie der Zeichnung einen
Schnitt tut, und nun von hier ausgehend, mit dem flachen Messer,
das dabei ähnlich wie ein Falzbein gehandhabt wird, den Bogen
ringsum außerhalb der genannten Begrenzungslinie vom Brette
trennt. Der dadurch erhaltene zackige Rand wird dann später mit
dem Messer gerade geschnitten. Bei dieser Art des Abschneidens
bleibt auch das Brett unversehrt.

Bemerkt man beim Abschneiden, daß die Zeichnung teilweise
am Brett festgeklebt ist, so vermeide man jedes Losreißen. Man
weiche vielmehr den Leim mit recht reinem Wasser auf, entferne
die Zeichnung, wasche den Leim auf der Rückseite mit dem
Schwamm ab, lege die Stelle zwischen Fließpapier und lasse sie,
gehörig beschwert, trocknen.

Losgeschnittene Zeichnungen, die vorher stark gespannt waren,
haben selten gerade und parallele Linien, so daß man bei etwaigen
Verbesserungen nach dem Abschneiden mit Reißschiene und Dreieck entsprechend vorsichtig arbeiten muß.

61. Das Aufziehen der Zeichnungen.

Es bleibt noch übrig, einiges über die Ausstattung der Zeichnungen hinzuzufügen.

Sind die Zeichnungen auf kartoniertem Whatman gefertigt, so genügt es, sie gerade zu beschneiden. Nur bei großen Wettbewerben, bei denen auch Wert auf die äußere Ausstattung zu legen ist, wird man Zeichnungen, die schon auf kartoniertem Papier gefertigt sind, nochmals auf eine besondere Pappe mit breitem Rande aufkleben lassen, zumal bei den Beurteilungen und etwaigen späteren Ausstellungen mit den Zeichnungen oft nicht sehr schonend umgegangen wird.

Lagepläne, Nivellements u. dgl., die sich über mehrere Blätter ausdehnen, werden zweckmäßig auf nichtkartoniertem Papier gezeichnet und dann auf Leinwand aufgezogen. Die spätere Handhabung wird dadurch bequemer und die Zeichnungen werden mehr geschont.

Die auf gewöhnlichem Papier gezeichneten Entwürfe sind stets auf guten Karton aufzuziehen, wenn auf spätere Erhaltung einiges Gewicht gelegt wird. Die Buchbinder, die sich mit der Ausstattung von Zeichnungen befassen, und die großen Handlungen für Zeichenbedarf haben hierfür, besonders in grauen Farbtönen, eine große Auswahl. Auch dunkler bis schwarzer Karton wirkt gut. Es ist beim Aufziehen stets darauf Rücksicht zu nehmen, daß die Breite des Randes zur Größe, der Ton des Kartons zur Farbenwirkung der Zeichnung in einem entsprechenden Verhältnis stehen. Für Aquarelle, Ornamentblätter u. dgl. eignen sich Kartons, die an der Oberfläche nicht ganz glatt, sondern etwas rauh oder faserig sind. Durch Auflegen des Blattes auf verschieden getönte Kartons ermittelt man die beste Zusammenstellung.

Für farbige Innenansichten von Gebäuden, Perspektiven und andere Blätter, die besonders zur Geltung gebracht werden sollen, werden sogenannte Passepartouts verwendet, starke Kartons mit rechteckigem, kreisförmigem oder ovalem Ausschnitt, deren flache Fasen mit weiß, Gold oder anderen Farben betont sind, so daß das Bild selbst recht vertieft liegend erscheint. Auch hierin sind verschiedene Arten in den Handlungen vorrätig.

Große Mühe und auch Kosten verursacht bei Wettbewerben die Anbringung der auf jedem Blatt sich wiederholenden Gesamtaufschrift und des Kennzeichens. Hierfür ist es sehr zu empfehlen, beides in entsprechender Größe drucken zu lassen, entweder auf einem Papier in der Farbe des Kartons oder auf weißem Papier, und dann an gewünschter Stelle aufzukleben.

IV. Der Gang der Herstellung und die Behandlung verschiedener technischer Zeichnungen.

Einleitung.

Die Anwendung der bisher besprochenen Zeichenmittel und Verfahren richtet sich stets nach dem Zweck der Zeichnung. Aus dem Zweck, dem eine Zeichnung dienen soll, ergibt sich ihre mehr oder weniger weitgehende Behandlung.

Die zeichnerische Darstellung eines technischen Gegenstandes durchläuft verschiedene Abschnitte der Durcharbeitung von der kleinen freihändigen Skizze bis zur Ausführungszeichnung. Die Zeichnung zum Festhalten des ersten Gedankens dient einem anderen Zweck als die Zeichnung, welche die Grundlage für die Ausführung bildet. So können flüchtige skizzenhafte Darstellungen ebenso berechtigt sein, wie mit ausgezeichneter Sorgfalt angefertigte Entwürfe, die über jeden Punkt des Gegenstandes Aufschluß geben.

Niemand wird durch ein Buch allein ein Zeichner, geschweige denn ein Techniker. Stete Übung macht erst wie überall den Meister. Im folgenden sollen jedoch einige allgemeine Anhaltspunkte gegeben werden, wie bei Herstellung und Behandlung von Zeichnungen verschiedener technischer Gebiete vorzugehen ist und wo weitere ins einzelne gehende Aufklärung zu finden ist.

62. Bauzeichnungen.

a) Aufnahmezeichnungen.

Aufnahmezeichnungen bestehender Bauwerke sind bei Um- und Erweiterungsbauten erforderlich. Ferner werden sie zur Festlegung künstlerisch wertvoller älterer Gebäude für Zwecke der Baugeschichte oder zur Belehrung heranwachsender Techniker angefertigt.

Von dem aufzumessenden Gegenstand wird auf nicht zu kleinem Zeichenblock (ca. 30×40 cm) mit fester Unterlage freihändig eine geometrische Zeichnung mit den zur vollständigen Darstellung notwendigen Grundrissen, Ansichten und Schnitten gemacht. Diese Handskizze braucht nicht maßstäblich zu sein, doch sollen alle Verhältnisse im ganzen richtig wiedergegeben werden. Ausreichende

Übung im Freihandzeichnen ist also für Anfertigung technischer Zeichnungen unerläßlich. Anleitung in: Zeichnen für Alle von A. Gruber. Verlag Otto Maier, Ravensburg.

Sobald die Skizze fertig ist, werden alle erforderlichen Maße eingetragen. Während des Skizzierens auch zu messen, ist unpraktisch, führt zu Fehlern und läßt leicht die Aufnahme einzelner Maße übersehen. Die Handskizze soll recht groß und klar sein. Schwierige Einzelteile sind herauszuzeichnen. Zur Verdeutlichung unklarer Punkte ist gelegentlich eine perspektivische Darstellung zweckmäßig.

Die fertige Aufnahmeskizze ist in aller Ruhe zu überprüfen, da vergessene Maße beim genauen Auftragen der Zeichnung auf dem Brett die Arbeit aufhalten und Wege und Kosten verursachen.

Wo es Ort und Zeit erlauben, kann man auch auf einem kleinen Reißbrett maßstäblich mit Winkel und Schiene die Aufnahme herstellen, indem ein Bearbeiter zeichnet, ein zweiter die Maße nimmt und zuruft.

Photographische Aufnahmen des Gegenstandes bilden eine wertvolle Ergänzung und Kontrolle der zeichnerischen Darstellung (Meßbildverfahren).

Die genaue Aufnahmezeichnung wird in den Maßstäben 1 : 100 oder 1 : 50, Einzelheiten werden in 1 : 10 oder 1 : 5 ausgeführt.

b) Entwurfszeichnungen.

Für die Anfertigung von Entwurfszeichnungen ergibt sich folgender Gang der Arbeiten.

Für jedes Bauunternehmen ist ein Bauprogramm aufzustellen, das eine Übersicht gibt, was beabsichtigt wird.

Danach werden Skizzen angefertigt. Man beginnt mit einer freihändigen Linienskizze auf Millimeterpapier. Die Benutzung von Millimeterpapier ist zweckmäßig, weil man damit sofort einen Anhalt für die maßstäblichen Verhältnisse hat. Täuschungen in dieser Hinsicht würden die ganze Skizze wertlos machen.

Aus der Linienskizze entwickelt sich der mit Winkel und Schiene aufzutragende Vorentwurf. Für den Vorentwurf wird ein kleiner Maßstab 1 : 200 oder 1 : 150 gewählt. Man spart dadurch Zeichenarbeit und die Zeichnung ist, was besonders beim ersten Entwerfen nützlich ist, stets mit einem Blick zu übersehen (vgl. Tafel I).

Nach Klärung des Bauvorhabens durch einen oder mehrere Vorentwürfe erfolgt das Auftragen der eigentlichen **Entwurfszeichnungen**. Hier ist der Maßstab der Art des Objektes entsprechend zu wählen, denn je kleiner der Maßstab, um so mehr muß die Darstellung vereinfacht werden. (Fortlassen einzelner Kanten, kleiner Vorsprünge, konstruktiver Einzelheiten u. dgl.)

Für einfache Gebäude, für Gebäude, in denen entweder große Räume vorhanden sind oder viele Räume von gleichmäßiger Gestalt nebeneinander liegen, und wo keine schwierigen Konstruktionen vorkommen, genügt der Maßstab 1 : 100. Bei verwickelten Grundrißanlagen und Zeichnungen mit vielen Einzelheiten (z. B. Fassaden) wird als Maßstab 1 : 50 gewählt.

Für Eisenkonstruktionen ist im allgemeinen ein größerer Maßstab notwendig, um die einzelnen Stücke deutlich kennbar zu machen. Für Übersichtszeichnungen empfiehlt sich der Maßstab 1 : 50, allenfalls auch 1 : 75. Einzelheiten zeichnet man im Maßstab 1 : 25 oder besser 1 : 10.

Stets ist darauf zu achten, daß beim Hauptentwurf alle Stücke im einheitlichen Maßstab durchgeführt werden. Eine Zeichenmanier, die ohne ganz besondere Gründe einzelne Stücke 1 : 100, andere 1 : 50 darstellt, ist zu verwerfen. Solche Verschiedenheit des Maßstabes macht sich überall unangenehm bemerkbar, z. B. beim Vergleichen einzelner Entwurfsteile, beim Veranschlagen, in der ganzen äußeren Erscheinung der Blätter.

Auf die Entwurfszeichnungen folgen die genauen **Bauzeichnungen** mit allen Maßen und konstruktiven Einzelheiten. Schwierige Punkte werden im Maßstab 1 : 10, oder als Werkzeichnungen 1 : 1 dargestellt.

Dem Gang der geistigen Arbeit beim Entstehen eines Entwurfes muß sich die zeichnerische Arbeit anpassen.

Bei Entwürfen zu Gebäuden aller Art und bei Lageplänen ist von den **Grundrissen auszugehen**.

Bei Hochbauten wird man, nachdem über die Verteilung der Räume im allgemeinen Klarheit erlangt ist, mit dem Zeichnen des Erdgeschoßgrundrisses beginnen und weiter Obergeschoß und Aufbau entwickeln. Die Gestaltung des einen muß jedoch Hand in Hand gehen mit der des anderen. Sind z. B. im Erdgeschoß eines Wohnhauses große einheitliche Räume (Laden, Lager), so wird man zunächst die Einteilung des Obergeschosses mit seinen Wänden überlegen und danach erst den Erdgeschoßgrundriß zeichnen.

Ein Grundriß darf nicht ohne Rücksicht auf den Aufriß festgelegt werden, wie andererseits auch nicht

dem vorgefaßten Bilde des Aufbaues zuliebe der
Grundriß beeinträchtigt werden darf. Der Entwerfende
muß also bei der Bearbeitung des einen auf dem Papier das
andere schon in seiner Vorstellung vor sich haben, und wo nötig
(bei allen größeren Entwürfen) gleichzeitig auf einem
zweiten Blatte zeichnen.

Über die Gesamterscheinung des entworfenen Bauwerkes vergewissert man sich durch Anfertigung einer perspektivischen Darstellung (vgl. Nr. 44) oder eines Modells. Das
muß geschehen, bevor man an das genaue Auftragen und
Festlegen von Einzelheiten herangeht. Sonst wird unter
Umständen viel verlorene Arbeit geleistet.

Bei Eisenkonstruktionen ist zuerst in einfachen Linien das
Gerippe der Konstruktion anzugeben. Darauf folgt die statische
Berechnung. Sie erfordert sämtliche Grundrisse und
einen Aufriß zur Festlegung der Höhenabmessungen.
Das Ergebnis der Berechnung bildet die Grundlage für das weitere
maßstäbliche Auftragen.

Nach der Reihenfolge der Zeichenarbeiten bei einem Entwurf
ist noch die Art der zeichnerischen Darstellung eines
Bauwerkes durch Horizontalschnitte, Vertikalschnitte
und Ansichten zu erörtern (vgl. Tafel I).

Alle Schnitte sind so zu legen, daß kein Teil des Gebäudes
bezüglich seiner Lage und Konstruktion unklar bleibt. Hiernach
richtet sich die Zahl und Lage der Schnitte.

Die Grundrisse sind bei Entwürfen für Gebäude Horizontalschnitte in Höhe der Fensteröffnungen. Um
die Deckenkonstruktionen zu zeigen, können Horizontalschnitte
unmittelbar über den Balken bzw. Trägern geführt und die darunter befindliche Balken- oder Trägerlage eingezeichnet werden.
Meistens aber wird die Balkenlage in den zuerst erwähnten
Horizontalschnitt, den Stockwerksgrundriß, gleich mit eingetragen. Es hat dann ein Grundriß, in den die Balkenlage eingezeichnet ist, stets eine Doppelbedeutung. Er stellt gleichzeitig
zwei Horizontalschnitte dar.

Bei der Doppeldeutigkeit der Grundrisse sowie bei Darstellung
verwickelter Eisenkonstruktionen häufen sich ziemlich viele Linien
aufeinander. Es ist deshalb bei der für Vervielfältigung durch
Lichtpausen erforderlichen schwarzen Darstellungsweise (vgl.
Nr. 52 und 53) zweckmäßig, die Klarheit der Zeichnung durch
verschiedene Strichstärken und verschiedene Strich-
arten zu fördern. Empfehlenswert ist dabei folgendes Verfahren: Man zieht zunächst mit einem sehr kräftigen Strich die

Teile aus, welche bei Herstellung der Schnittzeichnungen durchschnitten wurden: also Mauern, Säulen, Pfosten, Streben, anschließende Eisenkonstruktionen. Um diese herum und dazwischen zieht man mit einem schwächeren Strich alles das, was sich in der Ansicht darstellt, als Fensterbänke, Gurtsimse, Sockel, Stufen, Treppen, Träger usw. Über den fertigen Grundriß zeichnet man mit feinem Strich ohne Rücksicht auf das bereits Gezeichnete die Deckenkonstruktionen, Gewölbelinien, Balkenlagen, Trägerlagen, Dachkonstruktionen usw. Schließlich werden möglichst fein, so daß sie nicht mit Kanten der Konstruktionsteile verwechselt werden können, die Maßlinien eingetragen. Auf diese Weise erhält man selbst bei verwickelten Konstruktionen durchaus klare Darstellungen (vgl. Tafel I).

Die Dachkonstruktion und Sparrenlage wird in der Aufsicht von oben gezeichnet oder, wo es zu größerer Deutlichkeit dient, in einem unmittelbar über dem Dachboden geführten Schnitt nach oben gesehen.

Die Vertikalschnitte gehen ebenfalls nie durch volles Mauerwerk, sondern stets durch Öffnungen, Fenster, Türen. Man schneidet auch nicht durch Pfosten, Säulen, Balken in der Längsrichtung, sondern stets durch Sparren- oder Balkenfelder und neben Säulen und Pfosten vorbei. Bei Eisenkonstruktionen schneidet man neben Nieten, Bolzen, Rippen vorbei, so daß diese sich in der Ansicht, die anschließenden Konstruktionsteile im Schnitt ergeben.

Besondere Sorgfalt ist den Schnitten durch Treppenanlagen zuzuwenden. Wo eine Treppe bei einem Entwurf vorkommt, ist sie auch im Schnitt darzustellen.

Nicht immer kann der Vertikalschnitt in einer mathematisch genauen Ebene verlaufen. Wo es zur besseren Klarstellung des Entwurfes erforderlich wird (z. B. um Öffnungen im Mauerwerk mit darzustellen) kann die Schnittspur verschoben werden (springen). Hierbei müssen jedoch Anfangs- und Endpunkt des Schnittsprunges in einem und demselben Raume liegen. Ein Sprung in einen anderen Raum liefert unmögliche Bilder. Für jeden Vertikalschnitt sind daher die Grundrißspuren in alle Grundrisse deutlich einzuzeichnen (vgl. Tafel I). Die Buchstaben zur Bezeichnung der Schnittrichtungen müssen dabei stets leserecht an derjenigen Seite der Schnittlinie stehen, von der aus die Schnittfigur gesehen ist. Nur so wird jeder Zweifel bezüglich der Richtung des Schnittes vermieden.

Ansichten sind von allen Seiten des darzustellenden Bauwerks zu zeichnen. Durch Eintragen von Schattenwirkungen können sie belebt und besonders durch Vor- und Rücksprünge stark gegliederte Fassaden zu klarer Wirkung gebracht werden (vgl. Nr. 50). (Über Konstruktion und Darstellung von Schatten siehe Lötzbeyer, Darstellende Geometrie. Verlag Ehlermann, Dresden.) Bei den kleineren Maßstäben darf man nicht zu viele Einzelheiten (kleine Profile, Ornamente, Dachziegel u. dgl.) wiedergeben wollen. Die Gesamtwirkung wird dadurch leicht verdorben und unverhältnismäßig viel Zeit und Mühe aufgewendet.

Von ganz besonderer Wichtigkeit ist die Ausstattung der Zeichnungen mit Maßzahlen. Eine nur maßstäbliche Zeichnung allein genügt für Bauausführungen nicht. Ein Entnehmen der Maße auf der Baustelle oder beim Veranschlagen durch Abgreifen wäre ungenau und zeitraubend und muß unbedingt vermieden werden. Deshalb sind sämtliche Maße sorgfältig auszurechnen und einzuschreiben. Für keinen Teil des Bauwerkes darf eine Frage nach einem Maße offen bleiben. Jedes Maß, das in der Massenberechnung enthalten ist, muß in den Zeichnungen zu finden sein.

Die Maße sind in Metern mit zwei Stellen hinter dem Komma einzuschreiben. Mauerstärken schreibt man in Zentimetern, Maße für Bauhölzer in Form eines gemeinen Bruches. Bei Eisenkonstruktionen werden die Stärken der Platten und die Nietdurchmesser in Millimetern und für Profileisen die Nummern der Profile angegeben. Sehr zweckmäßig ist das Herauszeichnen oder Einzeichnen des Querschnittes an den stabförmigen Eisenkonstruktionsteilen mit Angabe der Profilnummern, Stärken, häufig auch der Querschnittsgröße, des vorhandenen Trägheits- und Widerstandsmomentes.

Die Maßlinien sind so zu legen, daß sie möglichst viel Maße in einer Flucht fassen. Außer den Einzelmaßen sind Gesamtmaße anzugeben. Längen- und Breitenmaße gehören lediglich in den Grundriß, Höhenmaße in den Aufriß. Abweichungen sollte man sich nur bei einfachen Gegenständen erlauben, die durch Darstellung in nur einer Projektion erschöpfend festgelegt werden können.

Überflüssige Maße, die schon an anderer Stelle stehen, sind zu vermeiden. Sie belasten nur die Zeichnung und können bei Änderungen zu Fehlerquellen werden. Alle Zeichnungen sind nach der Fertigstellung sorgfältig auf die Richtigkeit und Vollständigkeit der Maße zu kontrollieren.

Bei Ziegelbauten müssen die Längenmaße nach Steinlängen ausgerechnet werden, denn man kann nicht aus vier Steinen von je 25 cm Länge und drei Fugen von je 1 cm Breite einen Pfeiler von 1 m mauern. Der Pfeiler wird 1,03 m, wenn er frei steht, und 1,04 m, wenn er eine Vorlage ist, und die Länge wird 1,05 m, wenn es sich um eine Fensteröffnung von vier Steinen handelt. Ein Kopf kann dreierlei Maß haben, nämlich: 12, 13 oder 14 cm, je nachdem er ohne Fuge, mit einer oder mit zwei Fugen zusammen gemessen wird. Beim Entwerfen von Ziegelbauten macht man sich daher am besten eine Tabelle, in der die Steinmaße fertig ausgerechnet sind. Eine doppelte Erleichterung bietet der Backsteinmaßstab von Ad. Henselin, der nicht nur diese Tabellen für Längen und Schichtenmaße bereits fertig enthält, sondern auch noch gleich die Teilungen der Köpfe und Schichten. Man kann die Mauern usw. also gleich nach Köpfen abstechen.

Praktische Winke für die Benutzung der Backsteinmaßstäbe.

1. Eine wagerechte Linie in Backsteinköpfe zu teilen: Man schiebe den Backsteinmaßstab so unter die Reißschiene, daß die Kopfteilung ca. 2 cm vorsteht und an die zu teilende Linie stößt, lege das Dreieck wie gewöhnlich an die Schiene und zeichne die Teile direkt ab (ohne vorher freihändig Bleistiftmarken zu machen).

Sollen die Fugen als Doppellinie gezeichnet werden, so hat man dieses Verfahren zu wiederholen, nachdem man den Maßstab um die Fugenstärke verschoben hat.

2. Eine senkrechte Linie zu teilen: Man hefte den Backsteinmaßstab oben oder unten am Rande auf dem Brett fest und ziehe die Striche wie vor an der Schiene.

3. Einen Grundriß aufzutragen: Man lege den Maßstab an und stecke mit einem spitzen Bleistift, indem man damit leichte bohrende Bewegungen senkrecht zur Papierfläche macht, alle Mauerstärken, Raummaße, Öffnungen, Achsen und überhaupt alle zu mauernden Bauteile an der Kopfteilung ab. Darauf suche man die Meterlänge neben der jedesmaligen Kopfzahl in der Tabelle und schreibe die Maße sofort ein; die Gesamtmaße kann man ebenso bestimmen (ohne die Einzelmaße zu addieren). Die Meterteilung neben der Kopfteilung dient als Wegweiser für die ungefähre Kopfzahl, z. B. entsprechen einem Maß von ca. 6 m = 46 Köpfe, die aber als Außenmaß genau 5,97 m ergeben.

Henselins Backsteinmaßstab ist in den Teilungen 1 : 20, 1 : 25, 1 : 33$\frac{1}{3}$, 1 : 50, 1 : 75 und 1 : 100 erschienen und durch Buchhandlungen und Zeichenmaterialgeschäfte zu beziehen.

Weitere Anleitung zum Bauzeichnen gibt der Leitfaden für das Bauzeichnen von Baldauf und Pietzsch. Verlag Ludwig Degener, Leipzig.

63. Maschinenzeichnungen.

a) Aufnahmezeichnungen.

Durch die Aufnahmezeichnung werden vorhandene Maschinenteile zeichnerisch festgelegt.

Dem angehenden Maschinentechniker dient die Anfertigung von Aufnahmezeichnungen als Einführung in das Maschinenzeichnen. Jedoch auch in der Praxis, z. B. bei Reparatur- und Ersatzteilen, kann es notwendig werden, vorhandene Maschinenteile zu skizzieren, um danach eine genaue Werkstattzeichnung herzustellen.

Der aufzumessende Gegenstand wird freihändig nach Augenmaß ähnlich wie unter Nr. 62 beschrieben mit weichem Bleistift skizziert. Da die Skizze nur Träger der Maßzahlen ist, so braucht sie nicht genau maßstabgerecht zu sein. Sehr wichtig jedoch ist, daß das betreffende Stück in allen Teilen erschöpfend dargestellt wird und alle hierzu erforderlichen Ansichten und Schnitte gezeichnet werden, daß keine Kante und kein Maß fehlt. Skizzieren und Messen sollen nacheinander, nicht durcheinander vorgenommen werden. Erst wenn die Zeichnung mit allen Maßlinien fertig ist, wird gemessen und werden die Zahlen und Bearbeitungsangaben eingetragen. Glaubt man fertig zu sein, so wende man sich kurze Zeit von der Arbeit ab und überprüfe dann nochmals mit aller Sorgfalt das Gezeichnete (vgl. Nr. 62a).

Bei den aus mehreren Teilen zusammengesetzten Stücken ist noch eine Zusammenstellungsskizze erforderlich.

Nach der Handskizze wird die genaue Aufnahmezeichnung ausgeführt. Maßstäbe 1:1, 1:2,5, 1:5. Zusammenstellungen 1:10 und 1:20.

b) Entwurfszeichnungen.

Für die Anfertigung von Entwurfszeichnungen ergibt sich folgender Gang der Arbeiten:

Zunächst ist klarzustellen, was mit der Maschine erreicht werden soll.

Auf vorhandenen bewährten Einzelheiten aufbauend, wird das Neue konstruiert. Man darf sich dabei nicht blindlings auf das Zeichnen einzelner Teile stürzen, sondern es wird in großen Zügen von den Mittellinien ausgehend in wenigstens drei Ansichten eine maßstäbliche Entwurfsskizze gefertigt. Sie gibt das Bild der Maschine mit den erfahrungsmäßig angenommenen und geschätzten Maßen. Der Maßstab ist 1 : 1 auch bei großen Maschinen. Oft wird sogar zum Skizzieren eine ganze Wandfläche benutzt. Maßstab 1 : 2,5 wird besser vermieden, da in 1 : 2,5 die Verhältnisse schlecht zu beurteilen sind. Dieser Vorentwurf wird durch Berechnungen, graphische oder thermische Untersuchungen und sonstige Überlegungen bezüglich der Herstellungsmöglichkeit geprüft und auf einer Pause richtiggestellt.

So entsteht die Hauptentwurfszeichnung. Sobald alle Teile in ihren Abmessungen festgelegt sind, geht man an das Durchzeichnen der Einzelheiten im Maßstabe 1 : 1, 1 : 2,5, 1 : 5. Diese Teilzeichnungen werden mit allen Bearbeitungsangaben gleich werkstattfertig gemacht.

Nach dem Entwurf der Einzelteile erfolgt dem Arbeitsgang in der Werkstatt entsprechend die zeichnerische Darstellung der ganzen Maschine in der Zusammenstellung als Übersichtszeichnung. Maßstab 1 : 10, 1 : 20, 1 : 50. Die Übersichtszeichnung soll erkennen lassen, ob nun alle einzeln durchkonstruierten Teile auch wirklich zusammenpassen und die Einzelmaße stimmen.

Für Angebote, Montage, Fundamentpläne genügen dem Zweck entsprechend vereinfachte Zusammenstellungen. Besonders für Angebote sind genaue Einzelheiten zwecklos und werden auch mit Rücksicht auf die Konkurrenz nicht gern gegeben.

Sind alle Zeichnungen fertiggestellt, so wird eine sorgfältige Nachprüfung aller Maßangaben auf Schreibfehler, fehlende Zahlen, Richtigkeit der Summenmaße vorgenommen. Gerade bei letzteren laufen leicht Fehler mit unter, wenn die Einzelmaße auf verschiedenen Blättern vorkommen. Fehlende Maße, die etwa in der Modelltischlerei mit dem Zollstock aus der Zeichnung ungenau entnommen wurden, können zu großem Schaden, mindestens aber zu unangenehmem Zeitverlust führen, wenn die Stücke nachher beim Zusammenbau nicht genau stimmen.

Von den so entstandenen Originalzeichnungen werden Blaupausen hergestellt. Nach nochmaliger Überprüfung werden die Zeichnungen möglichst alle zugleich in die Werkstatt gegeben.

Für die zeichnerische Behandlung der Maschinenzeichnungen sind die Vorschriften des Normenausschusses der Deutschen Industrie, DIN-Buch 8, Berlin, Beuth-Verlag maßgebend. Tafel II ist diesen Vorschriften entsprechend bearbeitet. Über Format, Einteilung und Zeichnen vgl. auch Nr. 48, 50 und 52.

Besonderer Wert ist auf die richtige Anordnung der Ansichten und Schnitte nach der sogenannten „deutschen" Projektionsmethode zu legen. Auf übersichtliche Anordnung der Maße ist zu achten (Maßlinien nicht zu dicht an der Figur und nicht an einer Stelle gehäuft).

Die Anfertigung von Maschinenzeichnungen ist außer in dem DIN-Buch noch sehr ausführlich mit vielen Abbildungen in allen Einzelheiten dargestellt in: Das Maschinenzeichnen des Konstrukteurs von E. Volk und: Für den Konstruktionstisch von W. Leuckert und H. W. Hiller. Beide Werke im Verlag Julius Springer, Berlin.

64. Topographische Zeichnungen.

Die Voraussetzung für bautechnische Entwürfe, für das Entwerfen von Bahnanlagen, für Bebauungspläne, für Entwürfe zu Anlagen der Land- und Forstwirtschaft bilden zeichnerische Darstellungen des in Frage kommenden Geländestückes.

Auch hier richten sich Art und Umfang der Ausarbeitung nach dem Zweck der Zeichnung.

Die einfachste Art der Darstellung ist die Geländeskizze. Sie wird als Freihandzeichnung ohne Meßinstrumente und Kartenbenutzung gefertigt. Geländeskizzen dienen zur Erläuterung eines Berichtes, als Unterlage für Vorbesprechungen über ein erst im allgemeinen geplantes Bauvorhaben, zur Ergänzung einer Karte, zum Festhalten einer Situation. Sie müssen dementsprechend unter Fortlassung von Nebensächlichem doch alles für den jeweiligen Zweck Wesentliche recht klar und groß wiedergeben (Wege, Grenzen, Wasserläufe u. dgl.). Besonders wichtige Abmessungen sind abzuschreiten und einzuschreiben. Die Nordrichtung ist auf dem Blatte oben.

Genauer als die Geländeskizze ist das Kroki. Es ist eine annähernd maßstabgerechte Geländedarstellung. Meist wird eine Karte oder ein Meßtischblatt zugrunde gelegt, die durch das Kroki für einen bestimmten Zweck (z. B. militärischen) ersetzt werden sollen. Verwendung der Kartenzeichen nach Tafel III, farbige Ausführung mit Krokierstiften vgl. Nr. 55.

Unter Benutzung von Meßinstrumenten entsteht eine genaue Aufnahme eines Geländeteiles. Alle wichtigen Punkte werden mit Bezug auf eine „Messungslinie“ festgelegt. Die Ergebnisse der Messungen werden in einem maßstäblich 1:250 bis 1:1000, unter Umständen auch bis 1:10000 gefertigten Handriß eingetragen. Nach dem Handriß erfolgt das zeichnerisch genaue Auftragen (Kartieren) des Planes.

Der Maßstab der Darstellung richtet sich nach der Größe des Grundstückes und dem erforderlichen Grad der Deutlichkeit. Für kleine Lagepläne wird 1 : 250, 1 : 500, 1 : 1000 gewählt. Die Baupolizei z. B. verlangt unter den Bauvorlagen einen Lageplan nicht unter 1 : 500. Daraus muß die Lage des Grundstückes zur Himmelsrichtung, zu Straßen, Eisenbahnen, Wasserläufen u. dgl. zu erkennen sein. Entfernungen der Gebäude voneinander und von Nachbargrenzen sind einzutragen, ebenso Fluchtlinien und Höhenmarken.

Bebauungs- und Übersichtspläne werden bis 1 : 5000, Spezialkarten 1 : 20000 und kleiner, Meßtischblätter 1 : 25000 (vgl. Tafel III), Generalstabskarten 1 : 100000, Übersichtskarten 1 : 200000 ausgeführt. Diese Fragen werden sehr eingehend behandelt in: „Die Praxis des Vermessungsingenieurs" von Abendroth, Verlag Paul Parey, Berlin.

Für alle Pläne und Karten ist die Anwendung der in Tafel III wiedergegebenen Signaturen vorgeschrieben. Ausführlichere Vorschriften findet man in:

Bestimmungen über die Anwendung gleichmäßiger Signaturen für topographische und geometrische Karten, Pläne und Risse. R. v. Deckers Verlag, Berlin.

Musterblatt und Zeichenerklärung für die topographischen und kartographischen Arbeiten im Maßstabe 1 : 25000. Herausgegeben von der Königlich Preußischen Landesaufnahme. 9 Tafeln in schwarzer und farbiger Darstellung.

1. Tafel: Eisenbahnen, Straßen und Wege.
2. Tafel: Gewässer.
3. Tafel: Boden und Bodenbewachsung.
4. Tafel: Wohnplätze.
5. Tafel: Topographische Zeichen und Abkürzungen.
6. Tafel: Bodenformen und Maßstäbe.
7.—8. Tafel: Schriftmuster.
9. Tafel: Ausführung topographischer Pläne.

Original-Meßtischaufnahmen mit Erläuterungen zu den Tafeln. Verlag E. S. Mittler & Sohn, Berlin.

Vor dem Auftragen wird bei kleineren Aufnahmen mit Zirkel und Transversalmaßstab das Netz der Vermessungslinien, bei größeren mit metallenem Konstruktionslineal oder Quadratnetztafel (von A. Stiefelhagen bei Reiß, Liebenwerda) ein genaues Quadratnetz gezeichnet. Messungslinien, Messungspunkte und Nummern werden karminrot angegeben. Wasserläufe werden blau, Grenzlinien schwarz, neu entworfene Anlagen (Wege, Bahnen) rot ausgezogen. Nadelstiche, die Eck- und Brechpunkte in Grenzlinien bedeuten, dürfen nicht mit Tusche bedeckt werden. Die Kulturarten der Flächen werden durch die genannten Signaturen oder zarte Farbengebung angedeutet (vgl. Nr. 55). Höhenunterschiede werden durch Schichtlinien (Tafel III, links) wiedergegeben. Nordpfeil und Maßstab als Transversalmaßstab sowie eingehende Beschriftung und Unterschrift des Verfassers gehören auf jedes Blatt.

Manche wichtigen Gegenstände, wie Wege oder Bahnen, können bei kleineren Maßstäben nicht mehr maßstäblich dargestellt werden. Verzerrungen werden notwendig. Auch Höhenpläne werden der größeren Deutlichkeit halber verzerrt aufgetragen (z. B. zehnfach, Längen 1 : 1000, Höhen 1 : 100).

Für alle diese Dinge des topographischen Zeichnens ist in weit höherem Maße als bei den anderen Zweigen des technischen Zeichnens ein besonderes Feingefühl des Zeichners und ganz besondere Genauigkeit notwendig.

Besitzangaben und Bauentwürfe gründen sich auf Karten. Deshalb müssen alle beim Messen und Zeichnen möglichen Fehler durch besondere Verfahren ausgeschaltet werden. Eine genauere Anweisung für derartiges Zeichnen würde weit über die Grenzen dieses Büchleins hinausgehen. Es wird deshalb hier nur auf das Wichtigste aufmerksam gemacht und durch Zusammenstellung der einschlägigen Literatur der weitere Weg gewiesen.

Eine Einführung in das Verständnis topographischer Darstellungen findet man in: Darstellende Geometrie, Anhang Darstellende Geometrie des Geländes von Ph. Lötzbeyer, Verlag Ehlermann, Dresden.

Praktische Durchführung einzelner einfacher Aufgaben des Geländezeichnens im Rahmen des Zeichenunterrichtes gewerblicher und höherer Schulen bringt der Leitfaden für den neuzeitlichen Linearzeichenunterricht von A. Schudeisky. Verlag Teubner, Leipzig und Berlin. Leicht faßlich und klar ist darin Schritt für Schritt das Entstehen von Geländezeichnungen behandelt.

Von der für den Fachmann, den Vermessungs- und Tiefbautechniker berechneten Literatur seien genannt:

Das Feldmessen des Tiefbautechnikers von H. Friedrichs. Verlag Teubner. Feldmessen und Nivellieren von G. Volquardts. Verlag Teubner. Handbuch der Vermessungskunde von W. Jordan. Verlag Metzler, Stuttgart. Feldmessen und Nivellieren von Fr. Heer. Kreidels Verlag, München.

Bei der Ausarbeitung von Entwürfen zu den anfangs genannten Anlagen hat man sich zunächst über das zur Verfügung stehende Material an Katasterkarten u. dgl., die als Grundlage dienen, zu unterrichten. Auf diesen und den eignen

Messungen ist dann in dem für den jeweiligen Zweck geeigneten Maßstabe der Entwurf aufzubauen. Kopien der Katasterkarten sind von den betreffenden Regierungen (Abteilung für direkte Steuern) zu erhalten.

Für die meisten derartigen Entwurfsarbeiten bestehen amtliche Vorschriften, welche Art und Ausführlichkeit der Darstellung, Wahl der Maßstäbe u. dgl. regeln.

Vorschriften für die allgemeinen und für die ausführlichen Vorarbeiten von Eisenbahnen von 1897.

Anweisung für das Entwerfen von Eisenbahnstationen von 1905.

Anweisung für die Ausführung von Landesmeliorationen vom August 1872.

Sammlung kulturtechnischer Zeichnungen, herausgegeben vom Verein der Vermessungsbeamten der Preußischen Landwirtschaftlichen Verwaltung.

Instruktion des Ministers für Handel und Gewerbe und öffentliche Arbeiten vom 17. Mai 1871 für Aufstellung der speziellen Projekte und Kostenanschläge für den Bau der Kunststraßen. Vorschriften für die Aufstellung von Fluchtlinien- und Bebauungsplänen vom 28. Mai 1876. Für Bebauungs- und Stadterweiterungspläne sind ferner die betreffenden Bauordnungen heranzuziehen. Vgl. auch: Aufstellung und Durchführung von amtlichen Bebauungsplänen von Abendroth, Carl Heymanns Verlag, Berlin. Anweisung für das Verfahren bei Erneuerung der Karten und Bücher des Grundsteuerkatasters. R. v. Deckers Verlag, Berlin.

Namen- und Sachverzeichnis.

(Die Zahlen beziehen sich auf die Seiten.)

Additional information of this book

(Leitfaden zur Herstellung technischer Zeichnungen fÃ¼r Schule und Praxis mit besonderer BerÃ¼cksichtigung des Bauzeichnens, des Maschinenzeichnens und des topographichen Zeichnens; 978-3-662-27961-8; 978-3-662-27961-8 OSFO1) is provided:

http://Extras.Springer.com

Megede—Weselau, Zeichnungen. 8. Auflage.   Verlag von Julius Springer, Berlin.

Das Maschinenzeichnen des Konstrukteurs. Von Dipl.-Ing. **C. Volk**, Direktor der Beuth-Schule und Privatdozent an der Technischen Hochschule zu Berlin. Zweite, verbesserte Auflage. Mit 240 Abbildungen. IV, 78 Seiten. 1926. RM 3.—

Das Skizzieren von Maschinenteilen in Perspektive. Von Dipl.-Ing. **C. Volk**, Direktor der Beuth-Schule und Privatdozent an der Technischen Hochschule zu Berlin. Vierte, erweiterte Auflage. Mit 72 in den Text gedruckten Skizzen. 44 Seiten. 1919. Unveränderter Neudruck. 1923. RM 1.—

Der praktische Maschinenzeichner. Leitfaden für die Ausführung moderner maschinentechnischer Zeichnungen. Von **W. Apel** und **A. Fröhlich**, Konstruktions-Ingenieure. Zweite Auflage. Mit etwa 95 Figuren. In Vorbereitung.

Freies Skizzieren ohne und nach Modell für Maschinenbauer. Ein Lehr- und Aufgabenbuch für den Unterricht von **Karl Keiser**, Oberlehrer an der Städtischen Maschinenbau- und Gewerbeschule zu Leipzig. Dritte, erweiterte Auflage. Mit 22 Einzelfiguren und 24 Figurengruppen. IV, 72 Seiten. 1921. RM 2.—

Verwendung normalisierter Maschinenteile im Fachzeichnen der Maschinenbaulehrlinge. Von **Otto Stolzenberg**, Charlottenburg. (Sonderabdruck aus „Werkstattstechnik" 1920, Heft 7—11.) 17 Seiten. 1920. RM 1.90

Das Maschinen-Zeichnen. Begründung und Veranschaulichung der sachlich notwendigen zeichnerischen Darstellungen und ihres Zusammenhanges mit der praktischen Ausführung. Von Prof. **A. Riedler**, Berlin. Zweite, neubearbeitete Auflage. Mit 436 Textfiguren. VIII, 234 Seiten. 1919. Zweiter, unveränderter Neudruck. 1923. Gebunden RM 9.—

Leitfaden für das Maschinenzeichnen. Von Studienrat Dipl.-Ing. **K. Sauer**, Dortmund. Zweite, verbesserte Auflage. Mit 159 Textabbildungen. IV, 64 Seiten. 1923. RM 1.50

Das Anreißen in Maschinenbau-Werkstätten. Von Ingenieur **Hans Frangenheim**. (Werkstattbücher, Heft 3.) Mit 105 Textfiguren. (7.—12. Tausend.) 56 Seiten. 1922. RM 1.50

Für den Konstruktionstisch. Leitfaden zur Anfertigung von Maschinenzeichnungen nach neuesten Gesichtspunkten. Von Dipl.-Ing. **W. Leuckert**, Berlin und Dipl.-Ing. **H. W. Hiller**, Konstruktions-Ingenieur. Mit 64 Abbildungen im Text und 3 Tafeln. 71 Seiten. 1920. RM 1.25

Keil, Schraube, Niet. Einführung in die Maschinenelemente von Dipl.-Ing. **W. Leuckert,** Ständ. Assistent an der Technischen Hochschule zu Berlin und Dipl.-Ing. **H. W. Hiller,** Magistrats-Baurat in Berlin. Dritte, verbesserte und vermehrte Auflage. Mit 108 Textabbildungen und 29 Tabellen. V, 113 Seiten. 1925. RM 4.50

Maschinenelemente. Leitfaden zur Berechnung und Konstruktion für technische Mittelschulen, Gewerbe- und Werkmeisterschulen sowie zum Gebrauch in der Praxis. Von **Hugo Krause,** Ingenieur. Vierte, vermehrte Auflage. Mit 392 Textfiguren. XII, 324 Seiten. 1922. Gebunden RM 8.—

Mehrfach gelagerte abgesetzte und gekröpfte Kurbelwellen. Anleitung für die statische Berechnung mit durchgeführten Beispielen aus der Praxis. Von Prof. Dr.-Ing. **A. Gessner.** Prag. Mit 52 Textabbildungen. IV, 96 Seiten. 1926. RM 8.10

Einzelkonstruktionen aus dem Maschinenbau. Herausgegeben von Dipl.-Ing. **C. Volk,** Direktor der Beuth-Schule, Privatdozent an der Technischen Hochschule zu Berlin.

Erstes Heft: **Die Zylinder ortsfester Dampfmaschinen.** Von Obering. H. Frey, Berlin. Mit 109 Textfiguren. 45 Seiten. 1912. RM 3.—

Zweites Heft: **Kolben.** I. Dampfmaschinen- und Gebläsekolben. Von Dipl.-Ing. C. Volk, Direktor der Beuth-Schule, Privatdozent an der Technischen Hochschule zu Berlin. II. Gasmaschinen- und Pumpenkolben. Von A. Eckardt, Deutz. Zweite, verbesserte Auflage, bearbeitet von C. Volk. Mit 252 Textabb. V, 77 Seiten. 1923. RM 3.60

Drittes Heft: **Zahnräder.** I. Teil: Stirn- und Kegelräder mit geraden Zähnen. Von Prof. Dr. A. Schiebel, Prag. Zweite, vermehrte Auflage. Mit 132 Textfiguren. VI, 108 Seiten. 1922. RM 5.50

Viertes Heft: **Die Wälzlager, Kugel- und Rollenlager.** Unter Mitwirkung des Herausgebers bearbeitet von Ingenieur Hans Behr, Berlin (Berechnung, Konstruktion und Herstellung der Wälzlager) und Oberingenieur Max Gohlke, Schweinfurt (Verwendung der Wälzlager). Zugleich zweite Auflage des von W. Ahrens, Winterthur, verfaßten Buches „Die Kugellager und ihre Verwendung im Maschinenbau". Mit 250 Textabb. V, 126 Seiten. 1925. RM 7.20

Fünftes Heft: **Zahnräder.** II. Teil: Räder mit schrägen Zähnen (Räder mit Schraubenzähnen und Schneckengetriebe). Von Prof. Dr. A. Schiebel, Prag. Zweite, vermehrte Auflage. Mit 137 Textfiguren. VI, 128 Seiten. 1923. RM 5.50

Sechstes Heft: **Schubstangen und Kreuzköpfe.** Von Oberingenieur H. Frey, Weidmannslust bei Berlin. Mit 117 Textfiguren. IV, 32 Seiten. 1913. RM 2.—

Weitere Hefte befinden sich in Vorbereitung.

Angewandte darstellende Geometrie insbesondere für Maschinenbauer. Ein methodisches Lehrbuch für die Schule sowie zum Selbstunterricht. Von Studienrat **Karl Keiser,** Leipzig. Mit 187 Abbildungen im Text. 164 Seiten. 1925. RM 5.70

Analytische Geometrie für Studierende der Technik und zum Selbststudium. Von Prof. Dr. **Adolf Heß,** Winterthur. Mit 140 Abbildungen. VII, 172 Seiten. 1925. RM 7.50

Planimetrie mit einem Abriß über die Kegelschnitte. Ein Lehr- und Übungsbuch zum Gebrauche an technischen Mittelschulen von Prof. Dr. **Adolf Heß,** Winterthur. Dritte Auflage. Mit 208 Abbildungen. IV, 146 Seiten. 1925. RM 4.50

Trigonometrie für Maschinenbauer und Elektrotechniker. Ein Lehr- und Aufgabenbuch für Unterricht und Selbststudium von Prof. Dr. **Adolf Heß,** Winterthur. Fünfte, verbesserte Auflage. Mit 120 Abbildungen. VI, 132 Seiten. 1926. RM 3.90

Lehrbuch der Mathematik. Für mittlere technische Fachschulen der Maschinenindustrie von Privatdozent Prof. Dr. **R. Neuendorff,** Kiel. Zweite, verbesserte Auflage. Mit 262 Textfiguren. XII, 268 Seiten. 1919. Gebunden RM 7.35

Leitfaden der Mechanik für Maschinenbauer. Mit zahlreichen Beispielen für den Selbstunterricht. Von Prof. Dr.-Ing. **Karl Laudien,** Breslau. Mit 229 Textfiguren. VI, 172 Seiten. 1921. RM 4.—

Technische Elementar-Mechanik. Grundsätze mit Beispielen aus dem Maschinenbau von Regierungsbaumeister a. D. Prof. Dipl.-Ing. **Rudolf Vogdt,** Aachen. Zweite, verbesserte und erweiterte Auflage. Mit 197 Textfiguren. VII, 157 Seiten. 1922. RM 2.50

Freytags Hilfsbuch für den Maschinenbau für Maschineningenieure sowie für den Unterricht an technischen Lehranstalten. Siebente, vollständig neubearbeitete Auflage. Unter Mitarbeit von Fachleuten herausgegeben von Prof. **P. Gerlach.** Mit 2484 in den Text gedruckten Abbildungen, 1 farbigen Tafel und 3 Konstruktionstafeln. XII, 1490 Seiten. 1924. Gebunden RM 17.40

Taschenbuch für den Maschinenbau. Bearbeitet von zahlreichen Fachleuten, herausgegeben von Prof. **Heinrich Dubbel,** Ingenieur, Berlin. Vierte, erweiterte und verbesserte Auflage. Mit 2786 Textfiguren. In zwei Bänden. XI, 1728 Seiten. 1924. Gebunden RM 18.—